工程勘测设计与建设管理实践研究

曲维荣　主编

延边大学出版社

图书在版编目（CIP）数据

工程勘测设计与建设管理实践研究 / 曲维荣主编
. -- 延吉 ： 延边大学出版社,2023.6
　　ISBN 978-7-230-05089-0

　　Ⅰ．①工… Ⅱ．①曲… Ⅲ．①水利水电工程－水利工
程测量②水利水电工程－施工管理 Ⅳ．①TV221

　　中国国家版本馆CIP数据核字(2023)第105944号

工程勘测设计与建设管理实践研究

主　　编：曲维荣
责任编辑：李　磊
封面设计：文合文化
出版发行：延边大学出版社
社　　址：吉林省延吉市公园路977号　　　　邮　　编：133002
网　　址：http://www.ydcbs.com　　　　　E-mail：ydcbs@ydcbs.com
电　　话：0433-2732435　　　　　　　　传　　真：0433-2732434
印　　刷：三河市嵩川印刷有限公司
开　　本：710×1000　1/16
印　　张：14
字　　数：200 千字
版　　次：2023 年 6 月 第 1 版
印　　次：2023 年 6 月 第 1 次印刷
书　　号：ISBN 978-7-230-05089-0

定价：60.00 元

编 写 成 员

主　　编：曲维荣

副 主 编：李克森　张永生　崔　珍　曲　国　安贤良

　　　　　郑炯明　于　强　李纯洁　张　涛　崔坤红

编写单位：青岛捷利达地理信息集团有限公司

　　　　　青岛市黄岛区市政公用事业发展中心

前　　言

　　当前，工程勘测设计行业发展正处于寻求高质量发展的瓶颈期、对设计价值本源的探索期、寻求管理突破的混沌期以及拥抱资本的阵痛期。在这个过程中，整个行业的发展轨迹、发展要素及发展逻辑都在发生变化。

　　工程勘测设计是项目获取准确的土质情况，并针对获取的关键性技术数据进行分析，为后期的工程设计、施工管理提供理论性技术参考的活动，通过收集相关技术数据标准等，为工程地基设计、工程建设等提供安全可靠的参数。建立科学合理的工程勘测设计流程，快速了解地基土质的基本情况，并制订科学合理的工程施工计划，能为工程建设提供切实可行的地质参数设计依据，保障工程质量，从而规避工程勘测设计工作开展过程中存在的风险。

　　工程勘测较为复杂，且直接影响工程质量。在土建施工工程项目中，工程勘察与设计是工程前期工作的重要内容。如果工程勘测过程中有待解决的问题较多，就会严重影响施工阶段的施工效率和经济效益，所以必须对工程勘测过程中存在的问题进行剖析，制订有效的解决方案，优化工程勘测设计与施工作业形式，及时发现问题、解决问题。

　　本书包括工程勘察测绘，道路、桥梁设计与施工等方面的内容，共六章：第一章主要概述工程勘察的相关知识；第二章主要介绍测绘的基础知识；第三章主要论述测绘工程的组织、目标控制及技术设计；第四章主要论述测绘工程质量控制；第五章以城镇道路设计及施工为例，论述了工程设计与建设管理理论的实践应用；第六章以城市桥梁施工为例，论述了工程建设管理理论的实践应用。

　　笔者在撰写本书的过程中，参考了大量的文献和资料，在此对相关文献资料的作者表示衷心的感谢。由于笔者水平有限，加之时间仓促，书中难免会存在不足之处，敬请广大读者和各位同行予以批评指正。

曲维荣

2023 年 1 月

目　　录

第一章 工程勘察概述

第一节 工程勘察简介

一、工程勘察的要求

工程勘察是我国现有工程建设中较为重要的一项工程技术，受新兴工程勘察理论的影响，工程勘察的技术应用以及相应的技术实践体系都已发生改变。要想在现有的工程勘察理论体系下提升工程勘察质量，保证建筑的安全与稳固，工程勘察人员就要注意工程勘察的要点，保证工程勘察工作的科学性。

工程勘察是提高施工水平的关键途径，因此要熟练掌握工程勘察的关键技术，并对施工需要的具体条件进行了解。根据实际工作经验，岩土结构的建筑其整体荷载系数远超竹木建筑，如果不能保证工程质量，在长期使用过程中其稳定性必然受到很大影响。为此，应当借助工程勘察结果和相关信息优化施工方案，适当提高整个基础结构的承压能力。高层建筑的地基埋置深度不宜小于建筑整体高度的 1/15，这也从侧面反映出施工的难度，所以在施工前除要熟知地形条件及岩土结构、性质之外，还应重视地下水的影响。要对施工地区的具体状况进行全面、细致的勘察，特别关注岩土结构和地下水性质等，选择最为适合的埋深及形式，有效强化上部结构的安全性。

二、工程勘察技术及应用

（一）工程勘察技术

1.横波反射技术

地壳是由多个地层组成的，不同地层的地质硬度和不同矿石的组成密度不一样，而地震波在不同的介质中有着不同的传播速度，能够形成相应的反射波，依据这一物理学原理来进行岩土勘察的手段被称为横波反射技术。这种工程勘察技术的工作原理与目前的地震观测技术原理非常相似。

地震观测技术离不开地震记录仪器——一个特殊的地震波测量装置。发生地震时，会同时产生纵波和横波，横波在不同的地层中传播，波形会有明显的差异，而地震记录仪器则会同时接收这些不同的地震信号，并直接传达给高层地震仪，人们根据得到的地震信息进行地震分析，从而通过精确计算地层反射横波的振幅以及可能发生地震的位置等。不建议采用其他纵波或横波天线，是因为横波受其他天线波干扰的次数较少，分辨率也较高。目前，横波反射技术仍有一定的技术局限性，只能在国内一些有专用地震仪的地方使用，应用范围不广，只适用于地震研究院。

2.高密度电阻率技术

高密度电阻率技术是一种阵列勘探方法，它是以岩、土导电性的差异为基础的。野外测量时，研究人员只需将全部电极（几十至上百根）置于观测剖面的各测点上，然后利用程控电极转换装置和微机工程电测仪，便可实现数据的快速和自动采集。将测量结果送入微机后，还可以对数据进行处理，并给出关于勘探地点断面分布的各种图示结果。近年来，该技术先后在工程地质调查、坝基及桥墩选址、采空区及地裂缝探测等众多工程勘查领域被广泛应用。当然，这种勘探方法也会有一定的测量误差。在岩土地质勘探中，一旦遇到大量有毒的地下水以及人工设置的排水管道等，空气电阻器的测量结果都会受到影响，对人们分析地质勘探结果也会产生较大干扰，甚至产生较大测量误差。

3.多道瞬态面波技术

面波是 19 世纪英国著名物理学家瑞利（L. Rayleigh）最早发现并提出的，当体波在固体表面（或液体）或层间传播时，介质的质点之间由于惯性和弹性（液体中为重力）的相互作用，就可能产生面波。由于质点间的惯性和弹性（重力）相互作用，使体波产生全反射和干涉作用，并在介质表面和层内传播，就形成或派生出面波。面波沿地面表层传播，同一波长面波的传播特性反映了地质条件在水平方向的变化情况，不同波长面波的传播特性反映了不同深度的地质情况。

面波勘探是利用面波的频散特性和传播速度与岩土力学性质的相关性解决诸多工程地质问题——通过对实测面波的频散曲线进行定性、定量解释，得到各地质层的厚度及弹性波的传播速度。应用多道瞬态面波技术进行地质勘察，是在地面以瞬时冲击力作震源激发面波，并沿直线接收、记录，然后对所采集的面波波形进行处理，得到该点的频散曲线。

4.钻探技术

钻探技术是研究岩土土表地质最基本的一项技术，通过这些基础的地质钻探技术工作，彻底破坏岩土地表地质，从而确定深层土壤的地质成分、湿度，确定整个矿石的地质种类、均匀性，最后可以确定整个矿石的地质硬度。通过地下钻探机的工作或者改变地下钻孔的地层深度，既能实时查明地下是否有水源，也能实时检测地下水质，能为每个工程施工人员提供最基本的工程施工必备资料。

5.原位测试技术

这种探测技术特别适用于那些难以直接取样且矿层地质较难直接改变的岩土地层，能有效避免在矿层取样过程中，由于矿层外力场的改变所造成的不良影响，也不会直接改变整个矿层内部原本的地质构造，但可能需要其他探测技术的支持。原位测试技术对于在岩土中的地质勘测工作来说，也具有重要的研究意义。

（二）工程勘察技术的应用

工程勘察作为我国当前工程建设中较为重要的一项技术，在整个工程建设中占据着重要位置。要想有效提升工程勘察技术的应用水平，就要明确工程勘察技术的应用要点。

综合相关研究和文献，笔者将工程勘察技术的应用要点归纳为以下几点：一是明确勘察对象，规范勘察要素；二是合理布点，让勘探点更精准；三是调整勘探技术，确定勘探方法；四是整合技术，科学勘察；五是建设工程勘察信息库；六是建立工程勘察监督体系。

1.明确勘察对象，规范勘察要素

在工程勘察技术应用中，要想提升整个工程勘察技术应用水平，首先要做的就是明确工程勘察技术的应用要点，只有明确了工程勘察技术的应用要点，才能为工程勘察工作奠定基础。作为管理者，在现有的工程勘察管理工作中，必须按照工程勘察的实施要求，明确工程勘察的要素，并按照工程勘察的实施要求对勘察要素进行调整。一般情况下，工程勘察中需要明确的要素主要有以下几点：一是工程勘察地质条件；二是工程勘察地面高程；三是工程勘察技术应用方式；四是工程勘察数据采集方式。

2.合理布点，让勘探点更精准

在工程勘察中，要想有效提升工程勘察质量，就要按照现有工程勘察要求，合理布点，让勘探点更精准。按照《岩土工程勘察规范》（GB 50021—2001）的要求，在勘察工作中，当地基复杂程度等级为一级（复杂）时，勘探点间距应为 10～15 m；当地基复杂程度等级为二级（中等复杂）时，勘探点间距应为 15～30 m；当地基复杂程度等级为三级（简单）时，勘探点间距应为 30～50 m。

勘探点的布置应符合下列规定：①勘探点宜按建筑物周边线和角点布置，对无特殊要求的其他建筑物可按建筑物或建筑群的范围布置；②当同一建筑范围内的主要受力层或有影响的下卧层起伏较大时，应加密勘探点，查明其变化；③重大设备基础应单独布置勘探点，重大的动力机器基础和高耸构筑物，勘探点不宜少于 3 个；④勘探手段以钻探与触探相配合为宜，在复杂地质条件、湿陷性土、膨胀岩土、风化岩和残积土地区，宜布置适量探井。

详细勘察的单栋高层建筑勘探点的布置，应满足对地基均匀性评价的要求，且不应少于 4 个；对密集的高层建筑群，勘探点可适当减少，但每栋建筑物至少应有 1 个控制性勘探点。

3.调整勘探技术，确定勘探方法

勘探技术调整与勘探方法选择对工程勘察具有重要意义，要想在现有工程勘察中有效提升工程勘察质量，就必须按照工程勘察的要求，明确工程勘察中的勘探技术及勘探方法。另外，为了提升工程勘察质量，保证工程勘察效益，也要在工程勘察中及时对勘察方式进行调整，从而达到提升工程勘察质量的目的。

4.整合技术，科学勘察

在现代工程勘察中，工程勘察管理者应将新型勘察技术应用到工程勘察工作中去，保证工程勘察效果。例如，可将全球定位系统、信息遥感勘察技术等应用到具体的工程勘察过程中，提升工程勘察水平。

5.建设工程勘察信息库

要想提升工程勘察水平，就必须按照工程勘察实施要求，落实工程勘察数据库的建设工作。工程勘察者在勘察工作中，应整合工程勘察数据，建立专门的勘察数据体系，并以此为基础指导工程勘察工作。

6.建立工程勘察监督体系

在工程勘察实施过程中，存在因工程勘察监督不到位导致的工程勘察质量低下问题，因此，针对工程勘察工作建立完善的工程勘察监督体系就显得尤为重要。相关部门应在整合相关数据监督体系的基础上，科学地规划工程勘察监督工作，建立工程勘察监督体系。工程勘察管理人员也必须按照工程勘察的要求，整合工程勘察监督体系，以此达到提升工程勘察质量的目的。

三、工程勘察的要点、重点和难点

（一）工程勘察的要点

工程勘察程序复杂，下面主要从四个方面对工程勘察的要点进行阐述。

1.勘察深度

勘察深度的确定要符合以下要求：

①遵循建筑法律法规，综合考虑建筑层数与建筑结构的特点；

②建筑施工前应全面准确地了解、分析建筑地基的岩土特征，为之后防沉降及防倾斜等的设计工作做好准备；

③合理确定勘探点的间距和深度，比如沿海地区建议采用深基础，如桩筏基础或桩基础，勘探点之间的距离应保持在 15～24 m，打孔深度应确定为成桩半径的 3～5 倍且须大于 5 m，或是直接确定为箱筏基础下 3～5 m；

④勘察特殊地质和特殊建筑时须做单桩单孔勘察，并对桩孔进行超前钻，以观察各个桩孔下的地质情况，确保桩端持力层下受力深度内没有溶洞和夹层等不良地质情况。

2.基础承载力

现代建筑高度高、重量大，对地基的承载力和抗沉降变形能力要求高。因此，应针对勘察结果选择一到两个适合做基础持力层的岩土层，查明各地层厚度和软弱地层的分布情况。全面勘察岩土的质量等级、完整程度，并综合实验室的岩土试验结果，对岩土层和持力层的承载能力进行全面综合分析，预估沉降变形量，为后期建筑设计提供数据支持。

3.基坑挖掘

现代建筑更注重对地下空间的利用，因为建筑层数越来越多，地面空间越来越紧张，合理使用地下空间不仅可以节省地面空间，还可以为居民提供便利。

要想更好地利用地下空间，就要进一步加深基坑。施工时会碰到软土层，在挖掘过程中，可能会出现坑底隆起、坑外土坡变形等问题。另外，因此类建筑一般建在人口较为密集的繁华地带，挖掘基坑时应尽量不影响周边的建筑及市政设施，避免对居民的生活造成干扰。

4.水文地质勘察

工程勘察中还有一个十分重要的环节——水文地质勘察。不同的地质可能会有不同的水文情况。水文地质勘察首先要结合地质勘察结果和建筑物的特征确定勘探点，然后根据相关规范条例确定勘探深度，通过确定好的勘探点收集信息，对有代表性的区域要进行现场试验，确定设计参数。此外，须了解施工地点周边地表水系的分布情况，防止施工过程中发生突涌、流沙、管涌等问题，影响施工。

（二）工程勘察的重点

1.勘察孔深

勘察孔深不仅要满足承载力的要求，还要满足防变形沉降的要求。一般情况下，开孔应深入稳定的持力层下 5～8 m，以确保桩端所处的持力层没有不良地质影响。

2.勘察钻孔间距

应依据建筑施工标准布设钻孔，在勘察过程中根据实际情况进行调整，保证勘察钻孔间距合理。对于特殊地质，如花岗岩不均匀的风化体、持力层高度差距大的岩脉等需加密钻孔，以便了解其地质情况。

3.原位测试

工程地质勘察中的原位测试常采用标准贯入试验的方法，对于软土地质辅以双桥静力触探试验和旁压试验，以便全面了解施工地点的地质特征，估算承载力、岩土层的沉降量等参数，为桩型选择和基坑设计打下基础。此外，还要对岩土进行波速测试、抗压测试、地面脉动测试等分析测试。

4.室内试验

室内试验包括渗透系数试验、常规力学参数测试、三轴剪切试验、高压固结试验、固结快剪试验等。在工程勘察中，室内试验是十分必要的。

（三）工程勘察的难点

1.难以精确测量地下水位

科学、准确地测量地下水位一直是工程勘察的难点，这体现在：因钻孔多为泥浆护壁，需要进行洗井处理方可精确探测地下水水位，但是勘察周期往往较短，如果每个钻孔都要进行洗井处理则工作量太大，在规定工期内难以完成，这使得很难得到地下水水位的准确数据；此外，很多地方的水文信息勘察是随用随测，没有实现长期、定期测量，短时间的勘察结果不具有代表性，不能全面体现当地雨旱两季地下水水位的变化情况。当前，对于基坑较深的建筑，地下水位常借助地区经验和地区规范预估，难以测得准确、具有代表性的实际数据。

2.试样采集等级偏低

在实际勘察过程中，常出现采样量不足、密封性差、运输过程中彼此干扰等问题，使得试样采集也成为工程勘察的一个难点。试样采集受勘察单位的主观影响大，很多单位忽视比重试验的重要性，凭经验上报数据，但上报的数据往往与试验数据相差大，尤其是对渗透流稳定性的分析与评估。因此，各勘察单位和技术人员一定要加强对试样选取和比重试验的重视程度，积极推广先进技术与设备，提高勘察质量。

3.抗震要求

地震频发带的建筑要具有较强的抗震能力。在勘察地质情况时，还要考虑地震的影响，判断其能否满足抗震要求。可进行地面脉动测试、剪切波速测试，确保数据准确、及时、科学。在一些地形复杂的地段，还会涉及地下水、地下溶洞等的处理。要确保建筑处于不易发生地震、岩土抗震能力较好的地段。

4.受力情况复杂

由于岩土内部结构复杂且受多种因素影响，勘察工作只能通过钻孔进行，要想清楚地了解岩土的实际情况是非常困难的，因而要想了解岩土的受力情况就更加困难，而岩土的受力情况直接影响建设设计方案，对施工能否顺利进行及建设质量都有非常大的影响。因此，了解岩土受力情况既是工程勘察的难点也是重点，要格外重视。

5.勘察流程过于复杂

工程勘察是一项综合性很强的工作，它涉及多个勘察步骤。复杂的勘察流程意味着烦琐的质量监测流程，也意味着更长的工期。此外，复杂的勘察流程需要大量的数据处理、综合分析工作，这加大了工程勘察的难度。

6.限制条件多

建筑施工的勘察工作不是简单的科学技术问题，还要考虑施工产品的经济效益和安全性能等问题，要权衡多方关系。勘察单位和勘察人员不仅要掌握勘察手段，还要对施工流程、建筑材料成本有一定了解，在满足各方面限制条件的基础上，提出完善的方案。

综上所述，工程建设要以准确、及时的工程勘察为基础，工程勘察较为复杂，工程勘察单位和勘察人员要针对具体情况进行具体分析。把握上述工程勘察的要点、重点和难点，有利于提高工程勘察质量，推动中国建筑业蓬勃发展。

四、工程勘察常见问题及解决方法

（一）工程勘察常见问题

1.深度选择

专业的工程勘察工作要先根据建筑的基础结构分析出需挖掘的深度，但是现实中的勘察工作并不是这样的，一些勘察单位的工作偏离了既定路线，这种情况会导致很多勘察工作出现问题，以至于勘察工作难以开展。

2.缺少科学的取样

根据工程勘察的相关规定，在进行勘察取样时，原位测试的测试点应该在6个以上，以确保数据的准确性。但是现实中一些勘察单位往往会忽视这一要求，导致勘察结果无法真实地反映当地的地质环境，为接下来的建筑工程施工带来了困难。

3.勘察工作进度缓慢

我国部分工程单位出于成本考虑，会雇佣不专业的人员承担工程勘察工作，但在工程勘察的具体工作中，对工作人员的专业性要求又非常高，导致勘察工作进度缓慢且勘察质量低下。以这种工作方式得到的测量结果不科学，测量结果往往存在较大的误差，甚至会严重影响接下来建筑工程的施工质量。

4.勘察能力有限

我国现有的工程勘察能力有限，加之起步晚、发展缓慢，大多数勘察单位还在使用最基础的勘察方式，所使用的设备和技术都比较落后，勘察到的数据总是出现误差，无法满足目前工程勘察的需要。

5.前期准备工作不足

部分勘察单位在前期的准备工作中，相关资料收集得不够全面，也没有对相关的工作人员进行专业技能的培训。如果收集的资料不够全面，只是单纯收集了附近坐标和地形的建筑总平面图、结构形式及用地面积等资料，就无法全面了解在当地实施工程勘察所需要的技术和设备，就会使勘察工作存在一定的风险。前期工作准备不足，就会导致接下来的工作难度加大，直接影响工程建设质量。

6.勘察市场不规范

由于我国土地辽阔，地貌多样，各地的地质环境千差万别。虽然国家有相关的条例去规范勘察市场，但还是出现了一些问题，比如未能依照国家统一的收费标准去执行，在市场上相互改价、压价等，这些问题会让勘察市场陷入混乱。没有统一的收费标准也会导致勘察市场不规范，失去活力。

7.权责不明

在工程勘察过程中，容易出现个人职责混乱等问题，且出现问题时找不到问题的源头。原因是勘察单位没有细化整个勘察工作的层次和步骤，工作人员不能明确自己工作的具体内容和责任，工作流程模糊，也无法知道工程勘察具体实施到了哪一步。当勘察工作出现错误时无法找到责任人，确定不了具体的责任范围。

（二）工程勘察常见问题的解决方法

1.规范化管理

为了确保整个工程勘察过程的安全性，首先必须明确规定整体勘察流程，保证勘察过程顺利推进；其次是勘察工作的前期资料收集工作要准备充分，要对同一个区域的不同工程进行全面分析，吸取经验，以减少勘察工作的失误；最后勘察工作的进行要根据当地地基的实际情况来选择最合适的勘察方式，在勘察过程中必须严格按照规定的勘察方式来进行操作。

2.应用先进的技术与设备

我国工程勘察技术快速发展不过是近几十年的事情，现有勘察设备和技术与起步较早的发达国家相比还有一定的差距。所以应多引进发达国家的先进设备和技术，提高工程勘察的质量。另外，要进一步提高采样的密度和信息量，解决地下不明物体及断层等方面的问题。信息技术同样可以应用到工程勘察中，或者通过大数据技术实现勘察工作的数字化，大大提高勘察工作的质量。

3.设计与勘察相结合

目前，我国部分施工工程出现了工程设计和工程勘察分离的情况，导致工程勘察工作没有达到应有的效果。在勘察工作中，经常出现文档数据利用率不高的问题，导致信息抄录过程中出现错误，勘察结果出现极大的偏差。要想解决这一问题，保证勘察结果的准确性，就必须使工程设计和工程勘察相结合，实现工程设计与工程勘察的一体化。这是确保工程施工质量得以提高的重要条件之一。

4.提高专业人才的水平

当前工程勘察存在问题的一个重要原因就是缺少专业性人才。工程勘察质量与勘察人员的专业程度直接相关。勘察人员能力不足，工程勘察的质量也就难以保证。所以，必须建立一个科学的、长期的、有计划的人才培训体系，提高勘察人员的勘察技术。此外，还要提高勘察人员的实际操作能力，使其在工作中能够发挥更大的作用。

5.完善勘察监管制度

很多工程的施工单位对勘察工作的重视程度不够，工程勘察的质量也不高。要解决这一问题，首先，需要政府相关部门重视起来，对工程勘察市场进行严格监管；其次，施工单位要完善勘察监管制度，加强对勘察人员和施工流程的管理；再次，还需加强勘察监管制度的执行力度，严格要求勘察人员，使勘察人员整体工作效率得到提升；最后，权责分明，细化勘察工作的各种步骤，让勘察人员知道自己负责的工作内容，这样不仅有利于提高勘察工作的质量，还有利于了解工程的整体进度。

6.完善市场规范体系

目前，部分勘察单位未能严格执行国家收费标准，随意更改工程勘察的勘察费用，导致工程勘察市场陷入混乱。但是我国幅员辽阔，地形地貌多样，地质环境差别巨大，统一的勘察收费标准适用程度不高，所以应考虑制定地方性的工程勘察收费标准。首先，地方相关政府部门应制定适合当地情况的工程勘察市场规范条例，然后加大执行力度，打击市场中的混乱现象；其次，工程勘察的具体实施单位要严格遵守国家和地方的相关法律法规，勘察工作的收费一定要符合国家相关规章制度的规定，严厉打击违法乱纪的行为。

7.充分做好前期准备工作

勘察工作的前期准备工作做得充分，可以规避一些风险，降低勘察工作的难度。工程勘察需要做很多前期的准备工作，首先是资料收集工作，要充分了解勘察区域内的地质环境，收集附近地标和地形的建筑总平面图、建筑结构以及项目的荷载情况，明确勘察工作的任务，在此基础上设计勘察工作的过程和具体操作流程；其次要建立完善的提高工作人员能力的培训体系，使工作人员能更好地完成勘察作业；最后是时刻关注勘察技术的革新情况，可以用最先进的技术去完成勘察工作，提高勘察工作的质量和效率。

第二节　工程勘察现状及改善措施

一、工程勘察现状

（一）专业工程勘察人员数量不足

近些年来，工程勘察工作早已被划入我国建筑工程领域，而工程勘察工作在开展过程中仍有许多不足，其中最为明显的问题就是专业勘察人员的数量不足。通常情况下，工程勘察工作所要求的专业知识范围较广、难度较大，要想完成勘察任务，需要具备力学、设计学等方面的专业知识，这对勘察人员自身的专业能力提出了较高要求，所以造成了专业勘察人员的稀缺，也使得勘察技术的效果难以充分发挥出来。另外，还有很多在职的专业勘察人员不具备继续学习的意识，使勘察技术的发展在一定程度上受到了限制。

（二）设备更新慢，勘察工作不到位

现阶段，我国的工程勘察工作还存在设备更新慢、勘察工作不到位等问题。部分专业勘察人员在工作中没有意识到自身所做工作的重要性。另外，还有部分勘察人员过于关注对承载力的计算，反而将具体的实践分析抛到脑后。这些

问题的存在，使得工程勘察工作的安全性和稳定性大打折扣。

二、工程勘察的改善措施

（一）提高前期准备工作质量

为了保证勘察质量，首先要进一步明确相关规章制度，为勘察工作管理提供依据。除此之外，要仔细分析工程项目，制订最为合理的勘察计划。并且要强化各个部门之间的沟通，提升员工之间的默契程度，以此保证勘察工作顺利、有序进行。其次要利用更加合理的勘察手段去完成勘察工作，并且要确保勘察设备与勘察资料得到充分利用。例如，在对工程现场的岩土类型进行勘察时，要想顺利完成，就要利用静力触探的探头开展勘察工作。

（二）高度重视地区性勘察

在工程勘察中，只对施工场地进行勘察是远远不够的，还要深入分析施工场地的条件和周边地质环境的影响因素，结合具体情况分别进行相对应的勘察活动，以具体的勘察结果为基本依据，再进行相对应的总结和归纳，深入、细致地了解影响工程基础地质的因素，以实现工程勘察的价值，最大限度地保证工程的安全性和稳定性。

（三）保障勘察资料的标准性

在工程勘察过程中，要用到的资料十分广泛，包括地形、地质、气候、水文、建筑特征等，这些资料是工程后续施工开展的基础。勘察单位要依照相关规范完善工作流程，这样才能避免出现信息差。不仅如此，还要明确划分地层，针对工程项目及岩土特征展开分析。另外，为了保证后续施工的精准性、规范性，要进一步完善勘察资料，补充资料内容，为解决工程相关地质问题提供可靠依据。要明确勘察资料的价值，并充分发挥其价值。此外，要做好勘察资料的审核工作，严谨筛选岩土参数，对于异常数据要反复进行计算，避免影响施工进度与施工成本。

（四）加强内部管理

为使工程勘察工作更有针对性，要制定相应的勘察纲要和合同，从根本上避免勘察单位随意进行勘察活动。部分勘察单位存在越级行为，针对这样的情况要着重加强审查和管理工作；就施工场地内的勘察活动而言，相应的监理部门要有效处理不规范作业等问题，加大对勘察活动的监督力度；深入细致地审查勘察报告，特别是对相关指标、数据、资料等的审核；着重审核工程场地的稳定性评价、基础选型论证、施工建议、勘察结论等，如果有必要，则可进行相应的技术论证，从根本上保证勘察分析的专业性、完整性。

第三节　工程勘察一体化

一、一体化及工程勘察一体化系统

（一）一体化

1.一体化的概念

一体化就是将一些分散而多种多样的要素或单元合并，组合成一个更加完整或协调的整体。在工程勘察设计中，一体化通常被认为是将不同学科结合起来的一种方式，而这种方式有助于建立（或创造）一种全新的分析过程。

2.一体化的形式

（1）纵向和横向一体化

可以根据勘察设计学科纵向一体化和多学科相交叉的横向一体化划分一个基本的区域。纵向一体化的一个实例是不同的地球物理勘察技术人员在相同的平台上工作，对于一个特殊的工程场地状况所进行方向不同的解释工作。横向一体化是指涉及不同学科的一体化工作，横向一体化工作比纵向一体化工作更为复杂，主要困难在于常规操作平台相互之间的可操作性较小，而且在绝大多数情况下，不同专业技术人员更侧重于他们自己的专项研究。

（2）松散与密切一体化

松散与密切一体化可从一般意义上或在工作中进行判定。例如，当一位构造地质学家与一位土木工程师讨论在他们研究工作中所确定的断层位置时，这种情况称为松散一体化；当几位构造地质学家一起工作，利用他们各自的工具去确定断层位置时，这种情况称为密切一体化。

（二）工程勘察一体化系统

1.工程勘察一体化系统的概念

工程勘察一体化系统是指应用当代测绘技术、数据库技术、计算机技术、网络通信技术和 CAD 技术，通过计算机及其软件把一个工程项目的所有信息（如勘察、设计、进度、计划、变更等数据）有机地集成起来，建立综合的计算机辅助信息流程，使勘察设计的技术手段从手工方式向现代化 CAD 技术转变，做到数据采集信息化、勘察资料处理数字化、硬件系统网络化、图文处理自动化，逐步形成和建立适应多专业、多工种配合的高效益、高柔性、智能化的工程勘察设计体系。该体系用系统工程的观点，把勘察、设计的图纸、图像、表格、文字等以数字化的形式保存起来，供各专业使用。

2.工程一体化系统的组成

工程勘察一体化系统包括四部分，即数据采集系统、勘察信息处理系统、工程勘察设计数据库管理系统、计算机文档管理系统。工程勘察一体化系统的核心是工程勘察设计数据库管理系统，该系统的工作模式是通过各种采集手段采集信息，再采用统一编码将采集到的信息转换为标准格式后存储在勘察信息数据库中，之后经过加工处理，与设计信息数据共同组成工程勘察设计数据库管理系统，作为各专业开展计算机辅助设计时的共同信息来源。勘察信息处理系统是工程勘察设计信息系统的基础，而工程勘察设计数据库管理系统可将工程勘察设计系统所搜集和形成的数据整合到数据库中，进行计算机数据管理，共享原始资料、过程数据及文档数据。

工程勘察一体化系统涉及地理信息系统（GIS）、数据库、计算机图形学、地质学、地质统计学、地质建模、AutoCAD 和 Word 自动化等，它们以工程勘察、设计规范作为相互联系的基础，组成一个系统工程。这种一体化系统改变了以往各学科独立工作、相互之间没有什么交流的工作方式。它促使各学科之间相互交流、反馈。

综上所述，要实现工程勘察一体化，必须先实现工程勘察数字化，工程勘察数字化是实现工程勘察一体化的先决条件。

二、工程勘察一体化的优势及重要性

（一）工程勘察一体化的优势

工程勘察一体化是当前岩土行业发展的主要模式，对于工程勘察技术的发展具有重要意义。勘察是设计的基础和前提，通过勘察工作能够获得大量的岩土数据和资料，从而为工程建设方案设计提供数据支持，是实现工程勘察一体化的重要基础。首先，工程勘察一体化能够帮助人们全面考虑问题，相较于传统的作业模式，工程勘察一体化能够使作业更加安全、稳定，通过全过程管理，能够有效提升工程质量。其次，工程勘察一体化能够优化管理内容、降低管理成本，在勘察工作与设计工作中采用统一化的管理模式，能够节省不必要的资源投入，从而提高工程的经济效益。

（二）工程勘察一体化的重要性

工程勘察一体化对于岩土行业的发展十分重要，是现代岩土行业发展的主要方向。工程勘察一体化能够对勘察资源与设计资源进行整合，从而实现工程资源的优化配置，极大提高工程作业的效率和质量。从工程建设开展的角度来看，工程勘察一体化能够帮助岩土行业构建现代化工程模式，转变传统的工程作业方法；从经济成本的角度来看，因为工程勘察一体化能够实现资源整合，所以能够有效节约施工成本，提高工程的经济效益；从长远发展的角度来看，工程勘察一体化是未来重要的发展趋势，所以为了促进我国工程行业可持续发展，需要大力开展工程勘察一体化建设。

三、工程勘察一体化建设的问题及对策

（一）工程勘察一体化建设的问题

1.一体化程度较低

工程勘察一体化作为未来主要发展方向，虽然部分岩土施工单位已经意识到一体化的重要性，开始采用一体化模式进行施工，但是因为缺乏实践经验，当前的工程勘察一体化建设存在不足，一体化程度较低，没有实现深度一体化，导致工程勘察一体化的作用没有完全得到发挥，没有实现对工程建设的科学指导，综合利用效果不佳。

2.信息共享平台建设不足

工程勘察一体化的应用需要完善的信息交流平台，主要是勘察单位与设计单位之间的信息共享，但是当前尚未建设完善的信息共享平台，勘察单位与设计单位之间信息交换和沟通能力不足，许多数据不够及时共享，严重影响了工

程勘察与设计的效率，信息交流整体较为被动。部分单位仍没有意识到信息交流对于工程勘察一体化建设的重要作用。

3.缺乏信息技术应用

当前，我国工程建设中应用的现代信息技术逐渐增多，但是在工程勘察一体化建设中应用的信息技术、先进设备还没有较大突破，部分地区受到技术水平以及成本的限制，依然采用传统的勘察技术，影响工程勘测结果的准确性，导致综合勘察效率较低。信息技术在现代工程勘察一体化建设中具有重要作用，能够提高工程勘察一体化各个环节的工作效率，保证勘察结果的准确性，如采用 BIM 技术、CAD 技术、3S 技术等，能够有效提升工程勘察一体化的建设效果，但是当前信息技术的应用还存在一些问题，需要进一步提高信息技术的应用水平。

（二）工程勘察一体化建设的对策

1.深化工程勘察一体化应用

进行工程勘察一体化建设，首先要深化工程勘察一体化应用，通过勘察技术与设计技术的深度融合，形成更加完善的一体化模式。因此，岩土单位需要深入学习工程勘察一体化的应用技术、应用方法等，掌握工程勘察一体化应用的基本原则，不断调整勘察技术与设计技术，深化工程勘察一体化的应用。在建设工程勘察一体化体系之前，要确保各个环节都符合国家标准，提高勘察人员、设计人员的技术水平，使其具备较强的专业技术能力，为工程勘察一体化建设打下良好基础。

2.加强信息交流平台建设

工程勘察一体化建设要求勘察单位与设计单位进行高效的信息交流和沟通，从而建设标准化、高效化、规范化的信息交流平台，使勘察作业收集的数据能够在第一时间传递到设计单位，为工程设计工作提供勘察数据，提高设计方案的科学性。

在工程勘察一体化建设过程中，要利用信息技术建立完善的信息交流平台，实现工程信息的快速传递。我们相信，在技术创新、平台创新的推动下，工程勘察一体化的实际应用效果将会得到大幅度提升。为此，要加强现代信息技术的应用，例如，可采用 BIM 技术为勘察单位和设计单位搭建一个良好的一体化平台，切实提高工程勘察一体化的管理水平，推动工程建设协调开展。

3.加强一体化流程监督

监督工作是保证工程勘察一体化建设顺利进行的基础，多流程的监督、审核与管理，能够有效促进我国工程施工高质量发展。工程勘察一体化建设需要良好的监督管理体系，保证工程顺利开展，提高工程质量。因此，要积极转变工程管理理念，结合工程勘察一体化的基本特点，加强对工程勘察一体化全过程的监督管理，建设良好的工程勘察一体化市场环境，对工程开展全过程、动态化的监督管理，全面掌握工程信息，依靠政府、勘察单位及设计单位等多方主体的监督管理，保证工程勘察一体化建设的质量，为我国工程建设行业的发展提供支持。

第四节　工程勘察成果产生质量问题的原因及对策

一、工程勘察成果产生质量问题的原因

勘察成果的形成包括勘察作业操作、报告编制及审校等环节。勘察从业人员的专业能力及管理能力直接影响勘察成果的质量。工程勘察成果产生质量问题的原因多种多样，主要有以下几方面。

（一）勘察作业方面

1.勘察作业操作不规范，缺乏有效管理

工程勘察作业是查明、分析、评价建设场地地质环境特征和工程条件的重要手段，应确保工程勘察资料真实、准确，保证工程勘察质量。作为工程勘察的基础性数据，原始资料对工程勘察具有十分重要的作用。但是在实际勘察过程中，往往存在原始数据记录残缺、不清晰或者遗漏等问题，记录质量存在偏差，主要原因为勘察单位对这些原始数据缺乏规范化管理。勘察作业资料是第一手资料，在勘察过程中应当及时整理、核对工程勘察工作的原始记录，确保取样、记录的真实性和准确性，严禁离开现场追记或者补记。另外，在实际勘察工作中，部分作业人员的责任意识不强，难以保证勘察作业资料的真实性。

2.部分管理人员缺乏质量意识

部分勘察单位负责人及现场管理人员缺乏质量意识，重经济效益轻质量，重结果轻过程，对机台的钻探取芯、取样、现场原位测试、水位量测、原始记录等各环节的工作要求不严，导致了诸多作业质量问题。技术力量薄弱，或人手不足，再加上专业素养不够、责任心不强、经验不足，易出现作业质量问题。很多钻机劳务人员没有经过专业技术培训，文化水平及专业技术水平低，责任心不强，一旦未按规范要求操作、记录，就很容易出现勘察质量问题。

（二）报告编制方面

目前，勘察报告的编制人员很多是入职不久的年轻人，他们参加工作时间较短，对勘察场地的工程背景缺乏感性认识，也缺乏地区工程勘探和评价经验。对工程规范，尤其是强制性条文缺乏全面了解。熟悉业务和经验的积累都有一个过程，尤其是具有强烈地区性的工程专业。勘察单位应加强对勘察报告编制人员的技术培训，帮助他们积累工作经验。

（三）审校方面

1.审校过程不规范，缺乏有效的流程管理

从勘察纲要、标书到勘察成果文件，每一份文件都需要认真审核，进行技术把关。按规定，审校人员应由具备一定的技术资格、具有成熟工程经验的人员承担，然而，实际上审校工程师水平参差不齐。有些勘察单位因人员紧张，让工作时间不长的工程师担任审校工作，这些年轻的工程师因缺少审校经验和相关专业知识储备，审校时抓不住审校重点，发现不了关键问题，给勘察成果文件质量埋下隐患。有些勘察单位虽选取有一定工程经验的专职人员进行审校，但在开展审校工作时，缺乏有效管理，审校时不作记录，未留下痕迹可供追溯，造成审校意见不能有效落实，也给勘察成果文件质量留下了隐患。

2.审校管理机制存在不足

有些勘察单位内部设立或存在个人承包模式，实行计件制，按工作量收取审校费，审校人员为增加收入过量地承担审校任务，导致审校质量得不到保证。有些勘察单位实行简单的项目责任制，由项目负责人总体负责工程项目的所有工作。这种模式赋予项目负责人很大的管理权力，由其决定生产周期，决定审校人，决定项目收入分配。审校人员的责任心、积极性不同程度地受到抑制，很难发挥审校人员的工作主动性。

二、提高工程勘察成果质量的对策

通过上述分析可见，影响勘察成果质量的因素多种多样，因此需要制定相应对策，来提高勘察成果质量。

（一）人才培养

人才队伍培养是提高勘察质量的关键，要加强对勘察从业人员的培训。提

高勘察质量的第一要素是人才，勘察单位要加大专业技术人才的培养与引进力度，建立一支能够支持勘察业务发展的专业人才队伍。可与高校或行业协会联合开展专业技能培训，加快继续教育步伐，加快知识更新，帮助专业人员掌握勘察专业技术。可选拔优秀专业技术骨干到高校进修、深造，实施专项培训进修、研修制度，培养专业技术带头人和紧缺专业人才。不定期邀请行业内的专家进行专业技术培训，了解行业的发展动态。在企业内部形成师徒带教制度，带教老师定期组织业务学习，开展技术交流，分析项目中容易出现的问题，并进行考核。

另外，勘察单位应加强对操作人员的技能培训，定期组织业务学习，强化基本要求，保障作业质量；提高勘察报告相关人员的编制能力和审校水平，组织人员深入学习勘察报告编制的每个环节及重点，进行工程案例剖析，帮助相关工作人员积累工程经验。

（二）规范管理

勘察单位要规范质量体系管理，规范流程管理，完善技术质量管理制度，将管理制度落到实处，促进勘察成果质量的提高。此外，应建立科学的质量管理体系，提高全员质量意识。完善技术质量管理制度，注重过程管理和质量管理，从细节入手，保证管理制度落到实处。对勘察项目进行"三环节"管理，做好勘察流程控制。从勘察纲要编制、作业施工、过程检查、报告编制、审核（审定）到资料归档，每个环节都要有过程控制与记录，注重勘察作业质量检查，注重勘察报告审校质量，严把勘察质量最后一道关。注重勘察资料归档工作，成果报告提交后一定期限内应完成项目资料的归档工作。

（三）科技创新

勘察单位要运用先进的技术手段，创新勘察过程管理手段，提高勘察技术质量。例如，BIM 技术已广泛应用到工程建筑施工中，整体技术比较成熟，但在工程勘察方面应用得较少。在工程勘察实施阶段应用 BIM 技术有利于项目的正向设计，能提高信息存储能力，加快信息传播速度，从而提高施工效率，降低工程造价。勘察单位应加快 BIM 技术的应用脚步，提高勘察质量。

随着信息技术的飞速发展，现代工程施工对勘察成果资料的标准化、系统化、可视化提出了新的要求。建设大数据管理平台，不仅能极大地提高工作效率，还能在一定程度上提升勘察质量。传统数据处理系统已不能很好地完成数据分析（如提高数据利用率、数据的智能化挖掘）工作，在这样的背景下，建设数据库平台逐渐成为一个备受关注的话题。勘察单位应着力开发数据管理平台，致力于工程现场管理，成果资料的整理、分析、挖掘和利用。勘察单位可构建企业知识库，通过技术手段收集、储存、共享项目信息和经验，提高工程勘察质量。

勘察单位可构建勘察信息化平台，创新勘察作业管理手段，实现工程勘察质量信息化、标准化管理，确保勘察工作的真实性。勘察质量信息化是指采用身份实名认证和数字化采集等技术，通过影像留存、定位等手段，实时采集勘察作业、土工试验过程中相关人员、设备、操作、数据等信息，推动勘察作业、土工试验和勘察成果质量管理的信息化、规范化、标准化，实现勘察过程管理的科学化，切实提升工程勘察质量。

第二章　测绘基础知识

第一节　测绘简介

一、基础测绘和其他测绘

（一）基础测绘

1.基础测绘的含义

基础测绘，是指建立全国统一的测绘基准和测绘系统，进行基础航空摄影，获取基础地理信息的遥感资料，测制和更新国家基本比例尺地图、影像图和数字化产品，建立、更新基础地理信息系统。

2.基础测绘的管理

国家对基础测绘实行分级管理。基础测绘工作应当遵循统筹规划、分级管理、定期更新、保障安全的原则。国务院测绘行政主管部门负责全国基础测绘工作的统一监督管理，县级以上地方人民政府测绘行政主管部门负责本行政区域基础测绘工作的统一监督和管理。

3.基础测绘的规划和财政预算

县级以上地方人民政府测绘行政主管部门会同本级人民政府其他有关部门，根据国家和上一级人民政府的基础测绘规划和本行政区域内的实际情况，组织编制本行政区域的基础测绘规划，报本级人民政府批准，并报上一级测绘行政主管部门备案后组织实施。

县级以上地方人民政府发展改革部门会同同级测绘行政主管部门，根据本行政区域的基础测绘规划，编制本行政区域的基础测绘年度计划，并分别报上一级主管部门备案。

基础测绘是公益性事业，县级以上地方人民政府应当将基础测绘纳入本级国民经济和社会发展规划，并将基础测绘所需经费纳入财政预算。

4.基础测绘的更新

基础测绘成果应当定期进行更新，特别是国民经济、国防建设和社会发展急需的基础测绘成果，应当及时更新。基础测绘成果的更新周期由不同地区国民经济和社会发展的需要、测绘科学技术水平和测绘生产能力、基础地理信息变化情况等因素决定。其中，1∶1 000 000 至 1∶5 000 国家基本比例尺地形图、影像图和数字化产品至少 5 年更新一次。

5.基础测绘的实施

测绘行政主管部门应当按照基础测绘的规划、年度计划和项目技术设计书组织实施本级基础测绘。基础测绘组织实施的具体步骤如下：

①会同发展改革和财政主管部门调研、设计本地区基础测绘的中长期规划，在通过专家论证后，报本级人民政府批准，同时报上级测绘行政主管部门备案；

②会同发展改革和财政主管部门根据本行政区域的基础测绘规划，编制本行政区域的基础测绘年度改革方案，并分别报上一级主管部门备案；

③编制基础测绘项目预算，落实项目经费；

④编写招标文件，招投标落实工程承包单位，落实基础测绘监理单位；

⑤编写基础测绘项目的技术设计书，技术设计书应当符合国家规范，并经过专家论证，提出并通过基础测绘技术设计论证意见，附基础测绘项目技术设计书，报省级测绘行政主管部门审批；

⑥按技术设计书要求组织实施，基础测绘项目在实施期间要定期召开工程例会，一般每周一次，听取工程单位关于工程进度及存在问题等情况的汇报，及时解决工程中行政和技术方面存在的困难与问题，确保工程进度；

⑦组织验收。

6.基础测绘系统和测绘基准

从事基础测绘活动，应当使用测绘行政主管部门指定的国家测绘系统和测绘基准。因城市规划和科学研究的需要，确实需要建立相对独立的平面坐标系统的，应由测绘行政主管部门批准。同一城市或者局部地区只能建立一个相对独立的平面坐标系统。

相对独立的平面坐标系统的论证和审批步骤如下：

①调查本地区使用坐标系统的情况，研究选择什么样的相对独立的平面坐标系统，协调本地区国土、建设、规划、交通、水利等部门，采用统一的相对独立的平面坐标系统；

②向上一级测绘行政主管部门提交关于建立相对独立的平面坐标系统的请示，同时附上本地区建立相对独立的平面坐标系统的申请表；

③省级测绘行政主管部门组织专家论证，并形成建立相对独立的平面坐标系统的论证意见；

④省级测绘行政主管部门批复同意建立相对独立的平面坐标系统的书面意见。

7.统一管理基础地理信息

各级测绘行政主管部门应当加强本行政区域范围的地理空间信息基础框架建设与管理。数字区域地理空间信息基础框架和财政投资建立的地理信息系统，应当采用省级统一标准的基础地理信息数据。

使用财政资金购置卫星遥感测绘资料和进行航空摄影的，由测绘行政主管部门统一组织实施。航空摄影的报批，由省级测绘行政主管部门报军事主管部门按照国家有关规定批准，并遵守《通用航空飞行管制条例》的规定。市、县基础测绘及其他测绘工作需要航空摄影的，须向省级测绘行政主管部门报批。报批的材料包括关于××市、县航空摄影的请示，同时附××省航空摄影计划表和航空摄影范围图。

（二）其他测绘

1.地籍测绘

县级以上地方人民政府测绘行政主管部门会同同级土地行政主管部门，编制本行政区域的地籍测绘规划。县级以上人民政府测绘行政主管部门按照地籍测绘规划，组织管理地籍测绘。向单位和个人核发土地权属证书，应当附相应测绘资质单位测制的权属界址图。

2.房产测绘

向单位和个人核发房屋所有权证书，应当附具有相应测绘资质的单位测制的房产平面图。不动产权属测绘应当执行国家有关测量规范和技术标准，并符合国家的有关规定。对房产测绘成果有异议的，可以委托国家认定的房产测绘成果鉴定机构进行鉴定。

3.工程测量

城市建设领域的工程测量活动，与房屋产权、产籍相关的房屋面积的测量，应当执行由国务院建设行政主管部门、国务院测绘行政主管部门负责组织编制的测量技术规范。水利、能源、交通、通信、市政、资源开发和其他领域的工程测量活动，应当按照国家有关的工程测量技术规范进行，并接受测绘行政主管部门的监督管理。

4.中外合作测绘

外国的组织或者个人在中华人民共和国领域和管辖的其他海域从事测绘活动，必须与中华人民共和国有关部门或者单位依法采取合资、合作的形式进行，经国务院及其有关部门或者省、自治区、直辖市人民政府批准。外国的组织或者个人来华开展科技、文化、体育等活动时，需要进行一次性测绘活动的，可以不设立合资、合作企业，但是必须经国务院测绘行政主管部门会同军队测绘主管部门批准，并与中华人民共和国有关部门和单位的测绘人员共同进行。

二、测绘资质管理

测绘工作是国民经济和社会发展的一项基础性工作，它为经济建设、国防建设、科学研究、文化教育、行政管理、人民生活等提供重要的地理信息服务，是社会主义现代化建设必不可少的一种重要保障手段，是实现"数字地球""数字中国""数字区域""数字城市"必不可少的方法和手段。近年来，经济的快速发展对测绘事业的发展产生了巨大的推动作用，同时测绘事业也为经济的发展提供了重要保障。《中华人民共和国测绘法》（以下简称《测绘法》）是我国测绘行政管理的基本依据，各级测绘行政主管部门都必须依据《测绘法》做好测绘行政管理工作。

（一）测绘资质管理制度

1.测绘资质的分级管理

国家对从事测绘活动的单位实行测绘资质管理制度。《测绘法》明确规定了从事测绘活动的单位应该具备的相应条件，必须依法取得相应等级的测绘资质证书。修订后的《测绘资质管理规定》自 2014 年 8 月 1 日起施行，其中明确规定：从事测绘活动的单位，应当依法取得测绘资质证书，并在测绘资质等级许可的范围内从事测绘活动；测绘资质分为甲、乙、丙、丁四级；测绘资质各专业范围的等级划分及其考核条件由《测绘资质分级标准》规定。

2.测绘资质的申请

国家测绘地理信息局是甲级测绘资质审批机关，负责审查甲级测绘资质申请并作出行政许可决定。省级测绘地理信息行政主管部门是乙、丙、丁级测绘资质审批机关，负责受理、审查乙、丙、丁级测绘资质申请并作出行政许可决定；负责受理甲级测绘资质申请并提出初步审查意见。省级测绘地理信息行政主管部门可以委托有条件的设区的市级测绘地理信息行政主管部门受理本行政区域内乙、丙、丁级测绘资质申请并提出初步审查意见；可以委托有条件的县级测绘地理信息行政主管部门受理本行政区域内丁级测绘资质申请并提出初步审查意见。

（二）测绘资质分级标准

通用标准是指对各专业范围统一适用的标准。专业标准包括大地测量、测绘航空摄影、摄影测量与遥感、地理信息系统工程、工程测量、不动产测绘、海洋测绘、地图编制、导航电子地图制作、互联网地图服务。标准中各专业范围划分为若干专业子项。凡申请测绘资质的单位，应当同时达到通用标准和相应的专业标准要求。

省级测绘地理信息行政主管部门可以根据本地实际情况，适当调整各专业标准中乙、丙、丁级的人员规模、仪器设备数量要求。调整后的地方标准不得高于本标准的高一等级考核条件，也不得低于本标准的低一等级考核条件，不得修改专业范围及专业子项、考核指标和作业限额，不得超出通用标准的规定。调整后的标准应当报送国家测绘地理信息局备案。

（三）测绘资质申请

1.测绘资质申请应当具备的基本条件

①具有企业或者事业单位法人资格；

②具有符合要求的专业技术人员、仪器设备和办公场所；

③具有健全的技术、质量保证体系、测绘成果档案管理制度及保密管理制度；

④有与申请从事测绘活动相匹配的测绘业绩和能力（初次申请除外）。

2.测绘资质申请所需材料

初次申请测绘资质的，应当提交下列材料：

①企业法人营业执照或者事业单位法人证书，法定代表人的简历及任命或者聘任文件；

②符合要求的专业技术人员的身份证,毕业证书,测绘及相关专业技术岗位工作年限证明材料或者任职资格证书,劳动合同,社会保险缴纳证明等材料;

③符合要求的仪器设备所有权证明,以及省级以上测绘地理信息行政主管部门认可的测绘仪器检定单位出具的检定证书;

④单位办公场所证明;

⑤健全的测绘质量保证体系证明;

⑥测绘成果及资料档案管理制度材料;

⑦测绘成果保密管理制度材料。

申请晋升测绘资质等级的单位,应当提交下列材料的原件及扫描件:

①符合要求的专业技术人员的身份证,毕业证书,测绘及相关专业技术岗位工作年限证明材料或者任职资格证书,劳动合同,社会保险缴纳证明等材料;

②符合要求的仪器设备所有权证明及省级以上测绘地理信息行政主管部门认可的测绘仪器检定单位出具的检定证书;

③健全的测绘质量保证体系证明材料;

④测绘成果及资料档案管理制度材料;

⑤测绘成果保密管理制度材料;

⑥与所申请升级专业范围相匹配的测绘业绩和能力证明材料。

⑦申请新增专业范围的单位,应当提供第①至⑤项材料。

3.测绘资质申请的审查与决定

测绘资质审批机关应当自受理申请之日起 20 个工作日内作出行政许可决定。20 个工作日内不能作出决定的,经本机关负责人批准,可以延长 10 个工作日,并应当将延长期限的理由告知申请单位。

申请单位符合法定条件的,测绘资质审批机关作出拟准予行政许可的决定,通过本机关网站向社会公示 5 个工作日。

公示期间有异议的,测绘资质审批机关应当组织调查核实。经核实有问题的,应当依法作出处理。

公示期满无异议的,或者有异议但经核实无问题的,测绘资质审批机关作出准予行政许可决定，并于 10 个工作日内向申请单位颁发测绘资质证书。

测绘资质审批机关作出准予行政许可决定，应当予以公开，公众有权查阅；测绘资质审批机关作出不予行政许可决定，应当向申请单位书面说明理由。

测绘资质证书分为正本和副本，由国家测绘地理信息局统一印制，正、副本具有同等法律效力。

测绘资质证书有效期不超过 5 年。编号形式为：等级＋测资字＋省级行政区编号＋顺序号＋校验位。

初次申请测绘资质不得超过乙级。测绘资质单位申请晋升甲级测绘资质的，应当取得乙级测绘资质满 2 年。

申请的专业范围只设甲级的，不受前款规定限制。

4.测绘资质申请的变更与延续

测绘资质单位的名称、注册地址、法定代表人发生变更的，应当在有关部门核准完成变更后 30 日内，向测绘资质审批机关提出变更申请，并提交下列材料的原件及扫描件：

①变更申请文件；

②有关部门核准变更证明；

③测绘资质证书正、副本。

测绘资质证书有效期满需要延续的，测绘资质单位应当在有效期满 60 日前，向测绘资质审批机关申请办理延续手续。

对继续符合测绘资质条件的单位，经测绘资质审批机关批准，有效期可以延续。

测绘资质单位在领取新的测绘资质证书的同时，应当将原测绘资质证书交回测绘资质审批机关。

测绘资质单位遗失测绘资质证书申请补领的，应当持在公众媒体上刊登的遗失声明原件、补领证书申请等材料到测绘资质审批机关办理补领手续。

测绘资质单位转制或者合并的，被转制或者合并单位的测绘资质条件可以计入转制或者合并后的新单位。

测绘资质单位分立的,可以重新申请原资质等级和专业范围的测绘资质。

(四)测绘资质年度注册与监督检查

1.年度注册

年度注册是指测绘资质审批机关按照年度对测绘单位进行核查,确认其是否继续符合测绘资质的基本条件。年度注册时间为每年的 3 月 1 日至 31 日。测绘单位应当于每年的 1 月 20 日至 2 月 28 日按照规定的要求向省级测绘行政主管部门或其委托设区的市(州)级测绘行政主管部门报送年度注册的相关材料。取得测绘资质未满 6 个月的单位,可以不参加年度注册。

(1)年度注册程序

①测绘单位按照规定填写测绘资质年度注册报告书,并在规定期限内报送相应测绘行政主管部门;

②测绘行政主管部门受理、核查有关材料;

③测绘行政主管部门对符合年度注册条件的,予以注册;对缓期注册的,应当向测绘单位书面说明理由;

④省级测绘行政主管部门向社会公布年度注册结果。

(2)年度注册核查的主要内容

①单位性质、名称、住所、法定代表人及专业技术人员变更情况;

②测绘单位的从业人员总数、注册资金、出资人的变化情况和上年度测绘服务总值;

③测绘仪器设备检定及变更情况;

④完成的主要测绘项目、测绘成果质量以及测绘项目备案和测绘成果汇交情况;

⑤测绘生产和成果的保密管理情况;

⑥单位信用情况;

⑦违法测绘行为被依法处罚情况;

⑧测绘行政主管部门需要核查的其他情况。

缓期注册的期限为 60 日。测绘行政主管部门应当书面告知测绘单位限期整改，整改后符合规定的，予以注册。

2.监督检查

各级测绘行政主管部门履行测绘资质监督检查职责，可以要求测绘单位提供专业技术人员名册及工资表、劳动保险证明、测绘仪器的购买发票及检定证书、测绘项目合同、测绘成果验收（检验）报告等有关材料，还可以对测绘单位的技术质量保证制度、保密管理制度、测绘资料档案管理制度的执行情况进行检查。

各级测绘行政主管部门实施监督检查时，不得索取或者收受测绘单位的财物，不得谋取其他利益。有关单位和个人对依法进行的监督检查应当协助与配合，不得拒绝或者阻挠。测绘单位违法从事测绘活动被依法查处的，查处违法行为的测绘行政主管部门应当将违法事实、处理结果告知上级测绘行政主管部门和测绘资质审批机关。

各级测绘行政主管部门应当加强测绘市场信用体系建设，将测绘单位的信用信息纳入测绘资质监督管理范围。取得测绘资质的单位应当向测绘资质审批机关提供真实、准确、完整的单位信用信息。测绘单位信用信息的征集、等级评价公布和使用等由国家测绘地理信息局另行制定。

（五）测绘职业制度

1.测绘作业证的配发

测绘作业人员和需要持测绘作业证的其他人员应当领取测绘作业证。在进行测绘活动时，应当持有测绘作业证。测绘作业证在全国范围内通用。

国家测绘地理信息局负责测绘作业证的统一管理工作。省、自治区、直辖市人民政府测绘行政主管部门负责本行政区域内测绘作业证的审核、发放和监督管理工作。省、自治区、直辖市人民政府测绘行政主管部门，可将测绘作业证的受理、审核、发放、注册核准等工作委托市（地）级人民政府测绘行政主管部门承担。

测绘人员在下列情况下应当主动出示测绘作业证：

①进入机关、企业、住宅小区、耕地或者其他地块进行测绘时；

②使用测量标志时；

③接受测绘行政主管部门的执法监督检查时；

④办理与所进行的测绘活动相关的其他事项时。

进入保密单位、军事禁区和法律法规规定的需经特殊审批的区域进行测绘活动时，还应当按照规定持有关部门的批准文件。

2.注册测绘师制度

为了提高测绘专业技术人员素质，保证测绘成果质量，维护国家和公众利益，相关部门依据《测绘法》和国家职业资格证书制度的有关规定制定了注册测绘师制度。国家对从事测绘活动的专业技术人员实行职业准入制度，纳入全国专业技术人员职业资格证书制度统一规划。人事部、国家测绘地理信息局共同负责注册测绘师制度工作，并按职责分工对该制度的实施进行指导、监督和检查。各省、自治区、直辖市人事行政部门、测绘行政主管部门按职责分工，负责本行政区域内注册测绘师制度的实施与监督管理。

国家对注册测绘师资格实行注册执业管理，取得中华人民共和国注册测绘师资格证书的人员，经过注册后方可以注册测绘师的名义执业。国家测绘地理信息局为注册测绘师资格的注册审批机构。各省、自治区、直辖市人民政府测绘行政主管部门负责注册测绘师资格的注册审查工作。

注册测绘师应在一个具有测绘资质的单位，开展与该单位测绘资质等级和业务许可范围相应的测绘执业活动。

三、测绘成果管理

（一）测绘成果的概念及特征

1.测绘成果的概念

测绘成果是指通过测绘形成的数据、信息、图件以及相关的技术资料，是各类测绘活动形式的记录，是描述自然地理要素或者地表人工设施的形状、大小、空间位置及其属性的地理信息、数据、资料、图件和档案。测绘成果分为基础测绘成果和非基础测绘成果。基础测绘成果包含全国性基础测绘成果和地区性基础测绘成果。

测绘成果的表现形式，主要包括数据、信息图件以及相关的技术资料：

①为建立全国统一的测量基准和测量系统进行的天文测量、大地测量、卫星大地测量、重力测量所获取的数据和图件；

②航空摄影和遥感所获取的数据、影像资料；

③各种地图（包括地形图、普通地图、地籍图、海图和其他有关专题地图等）及其数字化成果；

④各类基础地理信息，以及在基础地理信息基础上挖掘、分析形成的信息；

⑤工程测量数据和图件；

⑥地理信息系统中的测绘数据及其运行软件；

⑦其他有关地理信息数据；

⑧与测绘成果直接有关的技术资料、档案等。

2.测绘成果的特征

测绘成果是国家重要的基础性信息资源。作为测绘成果主要表现形式的基础地理信息是数据量最大、覆盖面最宽、应用面最广的战略性信息资源之一。从测绘成果本身的含义及应用范围等方面来归纳分析，其基本特征如下。

（1）科学性

测绘成果的生产、加工和处理等各个环节，都是依据一定的数学基础、测量理论和特定的测绘仪器设备，以及特定的软件系统来进行的，因而测绘成果具有科学性的特点。

（2）保密性

测绘成果涉及自然地理要素和地表人工设施的形状、大小、空间位置及属性，大部分测绘成果都涉及国家安全和利益，具有严格的保密性。

（3）系统性

不同的测绘成果以及测绘成果的不同形式，都是依据一定的数学基础和投影法则，在一定的测绘基准和测绘系统控制下，按照先整体、后局部的原则进行表示的，有着内在的关联，具有系统性。

（4）专业性

不同种类的测绘成果，由于专业不同，其表示形式和精度要求也不尽相同。如大地测量成果与房产测绘成果、地籍测绘成果等都有明显的区别，带有很强的专业性。这种专业性不仅体现在应用领域和成果作用的不同上，还体现在成果精度的不同上。

（二）测绘成果质量

1.测绘成果质量的概念

测绘成果质量是指测绘成果满足国家规定的测绘技术规范和标准，以及满足用户期望目标值的程度。测绘成果质量不仅关系到各项工程建设的质量和安全，关系到经济社会发展规划决策的科学性、准确性，还涉及国家主权、国家利益和民族尊严，影响国家信息化建设的顺利进行。在实际工作中，因测绘成果质量不合格，使工程建设受到影响并造成重大损失的事例时有发生。提高测绘成果质量是国家信息化发展和重大工程建设质量的基础保证，是提高政府管理决策水平的重要途径，是维护国家主权和人民群众利益的现实需要。因此，加强测绘成果质量管理，保证测绘成果质量，对于维护公共安全和公共利益具有十分重要的意义。

2.测绘成果质量的监督管理

《测绘法》规定，县级以上人民政府和测绘地理信息主管部门、网信部门等有关部门应当加强对地图编制、出版、展示、登载和互联网地图服务的监督管理，保证地图质量，维护国家主权、安全和利益。依法进行测绘成果质量监督管理，既是各级测绘行政主管部门的法定职责，也是测绘统一监督管理的重要内容。为加强测绘成果质量管理，国家测绘地理信息局制定了《测绘成果质量监督抽查管理办法》，以规范测绘成果质量管理责任。

（1）测绘行政主管部门质量监管的措施

测绘行政主管部门必须加强测绘标准化管理，对测绘单位完成的测绘成果定期或不定期进行监督检查。加强对测绘仪器计量检定的管理，确保测绘仪器设备安全、可靠及量值准确，并引导测绘单位建立健全质量管理制度。对于测绘成果质量不合格的，按测绘法规规定，责令测绘单位补测或重测。情节严重的，责令停业整顿，降低资质等级，直至吊销测绘资质证书。给用户造成损失的，依法承担赔偿责任。

（2）测绘单位的质量责任

测绘单位是测绘成果生产的主体，必须自觉遵守国家有关质量管理的法律、法规和规章要求，对完成的测绘成果质量负责。测绘成果质量不合格的，不准提供使用，否则要承担相应的法律责任。

（三）测绘成果的汇交

测绘成果是国家基础性、战略性信息资源，是国家花费大量人力物力生产的宝贵财富和重要的空间地理信息，是国家进行各项工程建设和经济社会发展的重要基础。为充分发挥测绘成果的作用，提高测绘成果的使用效益，降低政府的行政管理成本，实现测绘成果的共建共享，国家实行测绘成果汇交制度。

1.测绘成果汇交的概念

测绘成果汇交是指向法定的测绘公共服务和公共管理机构提交测绘成果副本或者目录，由测绘公共服务和公共管理机构编制测绘成果目录，并向社会发布信息，利用汇交的测绘成果副本，更新测绘公共产品，依法向社会提供利用服务。

2.测绘成果汇交的内容

按照《测绘法》和《中华人民共和国测绘成果管理条例》（以下简称《测绘成果管理条例》）的规定，测绘成果汇交的主要内容包括测绘成果目录和副本两部分。

（1）测绘成果目录

①按国家基准和技术标准施测的一、二、三、四等天文、三角、导线、长度、水准测量成果的目录；

②重力测量成果的目录；

③具有稳固地面标志的全球定位系统测量、多普勒定位测量、卫星激光测距等空间、大地测量成果的目录；

④用于测制各种比例尺地形图和专业测绘的航空摄影底片的目录；

⑤我国自己拍摄的和收集国外的可用于测绘或修测地形图及其他专业测绘的卫星摄影底片和磁带的目录；

⑥面积在 10 km² 以上的 1∶2 000 至 1∶500 比例尺地形图和整幅的 1∶1 000 000 至 1∶5 000 比例尺地形图（包括影像地图）的目录；

⑦其他普通地图、地籍图、海图和专题地图的目录；

⑧上级有关部门主管的跨省区、跨流域，面积在 50 km² 以上，以及其他重大国家项目的工程测量的数据和图件目录；

⑨县级以上地方人民政府主管的面积在省管限额以上（由各省、自治区、直辖市人民政府颁布的政府规章确定）的工程测量的数据和图件目录。

（2）测绘成果副本

①按国家基准和技术标准施测的一、二、三、四等天文、三角、导线、长

度、水准测量的成果表展点图（线路图）、技术总结和验收报告的副本；

②重力测量成果的成果表（含重力值归算、点位坐标和高程、重力异常值）、展点图、异常图、技术总结和验收报告的副本；

③具有稳固地面标志的全球定位系统测量、多普勒定位测量、卫星激光测距等空间及大地测量的测绘成果、布网图技术总结和验收报告的副本；

④正式印制的地图，包括各种正式印刷的普通地图、政区地图、数字地图、交通旅游地图，以及全国性和省级的其他专题地图。

依据《测绘法》和《测绘成果管理条例》的规定，测绘成果属于基础测绘成果的，应当汇交副本；属于非基础测绘成果的，应当汇交目录。

（四）测绘成果保管

1.测绘成果保管的概念与特点

（1）测绘成果保管的概念

测绘成果保管是指测绘成果保管单位依照国家有关法律、行政法规的规定，采取科学的防护措施和手段，对测绘成果进行归档、保存和管理的活动。

由于测绘成果具有专业性、系统性、保密性等特点，同时，测绘成果又以纸质资料和数据形态共同存在，使测绘成果保管不同于一般的文档资料保管。测绘成果资料的存放设施与条件应当符合国家测绘保密、消防及档案管理的有关规定和要求。

（2）测绘成果保管的特点

测绘成果保管单位必须采取安全保障措施，保障测绘成果的完整和安全。测绘资料存放设施与条件应当符合国家保密、消防及档案管理的有关规定和要求。对基础测绘成果资料实行异地备份存放制度，测绘成果保管单位应当按照规定保管测绘成果资料，不得损毁、散失。

2.测绘成果保管的措施

测绘成果保管涉及测绘成果及测绘成果所有权人、测绘单位及测绘成果使用单位等多个主体。无论什么类型的测绘成果保管主体，都必须按照测绘法等有关法律法规的规定，建立健全测绘成果保管制度，采取相关措施保障测绘成果的完整和安全，并按照国家有关规定向社会公开和提供使用。

（1）建立测绘成果保管制度，配备必要的设施

测绘成果保管单位应当本着对国家和人民利益高度负责的精神，建立有效的管理制度，配备必要的安全防护设施，防止测绘成果的损坏、丢失和失密。按照《测绘法》《测绘成果管理条例》《中华人民共和国档案法》和《中华人民共和国保守国家秘密法》（以下简称《保密法》）的有关规定，建立测绘成果保管制度，并成立相应的测绘成果保管工作机构，明确相应的测绘成果保管人员和职责，确保各项测绘成果保管制度落实到位，并且配备必要的设施。

（2）基础测绘成果资料实行异地备份存放制度

基础测绘成果异地备份存放，就是将基础测绘成果进行备份，并存放于不同地点，以保证基础测绘成果意外损毁后，不会产生较大的影响。异地存放的基础测绘成果资料应与本地存放的测绘成果资料所采取的安全措施规格一致，要符合国家保密、消防及档案管理部门的有关规定和要求。

（五）测绘成果保密管理

1.测绘成果保密的概念和特征
（1）测绘成果保密的概念

测绘成果保密是指测绘成果由于涉及国家秘密，综合运用法律和行政手段，将测绘成果严格限定在一定范围内和被一定的人员知悉的活动。由于大量的测绘成果属于国家机密，测绘成果也相应地被分为秘密测绘成果和公开测绘成果两类。

（2）测绘成果保密的特征

测绘成果是对自然地理要素和地表人工设施的空间位置、大小、形状和属性的客观反映，其涉及的国家秘密事项具有广泛性。根据《保密法》的有关规

定，涉及国家安全和利益的事项，泄露后可能损害国家在政治、经济、国防、外交等领域的安全和利益的，应当确定为国家秘密，主要包括：国家事务重大决策中的秘密事项；国防建设和武装力量活动中的秘密事项；外交和外事活动中的秘密事项，以及对外承担保密义务的秘密事项；国民经济和社会发展中的秘密事项；科学技术中的秘密事项；维护国家安全活动和追查刑事犯罪中的秘密事项；经国家保密行政管理部门确定的其他秘密事项。这些国家秘密的相当一部分都会通过测绘手段，真实地反映在不同类型的测绘成果中。

测绘成果涉及的国家秘密事项保密时间长。各类测绘系统的点位和数据，始终是测定保密要素的空间位置、大小、形状的依据。因此，除国家有变更密级或解密的规定外，测绘成果的保密期都是长期的，需要长久保存。

测绘成果不同于其他文件档案等保密资料。测绘成果一经提供出去，便由使用单位自行使用、保存和销毁。此外，《测绘法》明确规定，对外提供测绘成果，必须经国务院测绘行政主管部门和军队测绘主管部门批准。

2.测绘成果保密管理规定

《测绘法》规定了测绘成果保密管理制度，其具体内容涉及以下几个方面。

测绘成果属于国家秘密的，适用国家保密法律行政法规的规定。关于测绘成果的秘密范围和秘密等级的划分，自然资源部、国家保密局印发的《测绘地理信息管理工作国家秘密范围的规定》有明确的规定，该规定是划分测绘成果秘密范围和成果密级的依据。要想做好测绘成果保密工作，首先要确定哪些测绘成果属于国家秘密。在这个前提下，测绘成果保密适用国家保密法律、行政法规的规定，如《测绘成果管理条例》《保密法》《中华人民共和国保守国家秘密法实施条例》等。

对外提供属于国家秘密的测绘成果，按照国务院和中央军委规定的审批程序执行。《测绘成果管理条例》规定，对外提供属于国家秘密的测绘成果，应当按照国务院和中央军委规定的审批程序，报国务院测绘行政主管部门或省、自治区、直辖市人民政府测绘行政主管部门审批；测绘行政主管部门在审批前，应当征求军队有关部门的意见。

测绘成果保管单位应当采取措施保障测绘成果的完整和安全，并按照国家有关规定向社会公开和提供利用。

大部分测绘成果涉及国家秘密，测绘成果保管单位必须采取有效的安全保障措施，保证测绘成果的完整和安全，防止测绘成果损坏、散失。同时，测绘成果保管单位必须依照国家有关测绘成果提供的相关规定，依法向社会公开和提供使用服务。

四、测绘市场监督

（一）测绘市场的含义

测绘市场是从事测绘活动的企业、事业单位、其他经济组织、个体测绘从业者相互间，以及它们与其他部门、单位和个人之间进行的测绘项目委托、承揽、技术咨询服务或测绘成果交易的活动。测绘市场活动的专业范围包括：大地测量、摄影测量与遥感、地图编制与地图印刷、数字化测绘与基础地理信息系统工程、工程测量、地籍测绘与房产测绘、海洋测绘等。

进入测绘市场、承担测绘任务的单位经济组织和个体测绘从业者，必须持有国务院测绘行政主管部门或省、自治区、直辖市人民政府测绘主管部门颁发的《测绘资格证书》，并按资格证书规定的业务范围和作业限额从事测绘活动。

测绘单位的测绘资质证书、测绘专业技术人员的执业资格证书和测绘人员的测绘作业证件不得伪造、涂改、转让、转借。

测绘项目实行承发包的，应当遵守有关法律、法规的规定。测绘项目承包单位依法将测绘项目分包的，分包业务量不得超过国家的有关规定，接受分包的单位不得将测绘项目再次分包。测绘单位不得将承包的测绘项目转包。

（二）测绘项目招标投标管理

县级以上地方人民政府测绘行政主管部门会同同级发展和改革部门，财政部门，按照法律、法规的规定，对本行政辖区内测绘项目招标、投标活动实施监督管理。

1.招标方式发包的测绘项目

一般以招标方式发包的测绘项目主要有：

①基础测绘项目；

②使用财政资金达到一定额度的测绘项目；

③建设工程中用于测绘的投资超过一定数量的测绘项目；

④法律、法规和规章规定的其他应当招标的项目。

2.可以邀请招标的测绘项目

经设区的市（州）以上有关行政管理或监督部门批准，可以邀请招标的测绘项目主要有：

①需要采用先进测绘技术或者专用测绘仪器设备，仅有少数几家潜在投标人可供选择的测绘项目；

②采用公开招标方式所需费用占项目总经费比例大，不符合经济合理性要求的测绘项目。

3.可以不实行招标的测绘项目

以下测绘项目可以不采用招标的方式确定承接方：

①国家有关文件规定或者经国家安全部门认定，涉及国家安全和国家秘密的测绘项目；

②抢险救灾的测绘项目；

③突发事件需要测绘的项目；

④主要工艺、技术需要采用特定专利或者专有技术，且潜在投标人不足三个的；

⑤法律、行政法规规定的其他测绘项目。

4.招标的方法和步骤

根据当地的实际情况和项目的内容，各地各单位测绘项目招标的方法和步骤会有所不同：

①招投标由招标单位、投标单位、评标委员会组成，并由监督、公证和纪检部门全程监督；

②招标文件内容有：投标邀请书，投标人须知（包括总则、招标文件内容、投标文件的编制、投标文件的递交、开标与评标、中标与合同的签订、不正当竞争与纪律解释权等），合同条件及格式，投标书格式，中标通知书格式，工程概况和技术要求；

③公告：方法有网上发布、信、函、电话邀请等；

④投标单位索取或购买招标文件及开标日期通知书；

⑤由招标单位和监督、公证、纪检部门在专家库中落实评标专家参加评标；

⑥召开开标会，宣读投标书；

⑦专家评标，推荐合格的中标人；

⑧确定中标人和中标金额后签订合同书；

⑨招标人和中标人履行合同。

第二节　测绘企业及测绘工程师

一、测绘企业

（一）测绘企业定义

测绘单位按性质来分，分为测绘事业单位和测绘企业单位。测绘企业单位一般简称测绘企业，是指从事测绘生产经营活动，为社会提供符合需要的测绘产品和测绘劳务的经济实体，一般指测绘公司、测绘类出版社、地图制图企业、地图印刷企业、测绘仪器生产企业等。

（二）测绘企业的生产技术特点

外业施测队（如大地测量队、地形测量队、工程测量队、地籍测量队、海洋测量队等）流动性大，作业地点比较分散，受气候、地形等自然因素的影响较大，一般为季节性生产；而内业队（如制图队、地图印刷队、地图类出版社等）工作比较集中，一般为常年生产。

对于测绘企业来说，它的产品一般不是终端产品（如作业观测成果、控制成果、铅笔原图等），必须经过其他单位的继续加工、制作，才能成为具有使用价值的最终产品。

测绘生产工艺比较复杂，技术手段和精度要求比较高，知识面要求比较宽，是一个技术密集型单元。

大部分测绘产品属于中、小批量生产，且生产周期较长。

测绘生产中的各个过程都要严格按照相关的规程、规范、标准要求进行。

（三）测绘企业的职责和任务

测绘工作是为国民经济建设、国防建设、科学研究、外交事务和行政管理服务的先行性、基础性工作。因此，测绘工作质量的好坏，不仅仅是影响它本身，更影响其他各项工作。所以，测绘工作责任重大，必须严格按照有关规程要求，认认真真地做好各项测绘工作。根据测绘工作的上述性质，测绘企业应承担如下责任：

①认真贯彻执行国家的方针、政策、法令和专业性法规；

②坚持社会主义方向，维护国家利益，保证完成国家计划，履行经济合同；

③保证测绘产品质量和服务质量，对国家负责，对用户负责；

④加强政治思想工作，开展多种形式的教育活动，提高职工队伍的素质。

测绘企业的主要任务是：根据国家计划和市场需求，提供合格的测绘产品和优质的测绘服务，满足经济建设、国防建设和科学研究等各方面的需要。

（四）测绘企业管理

测绘企业管理属于微观经济的范畴，测绘企业应正确应用测绘管理的原理，充分发挥测绘管理的职能，使企业生产经营活动处于最佳水平，不断创造经济效益。

测绘企业管理的主要内容包括以下方面。

建立测绘企业管理的规章制度。主要包括：确定组织形式，确定管理层次，设置职能部门，划分各机构的岗位及相应的职责、权限，配备管理人员，建立测绘企业的基本制度等。

测绘市场预测与经营决策。主要包括：测绘市场分类，市场调查与市场预测，经营思想、经营目标、经营方针、经营策略的制定等。

全面计划管理。主要包括：招标投标策略的制定，测绘长期计划的编制，年度生产经营计划的编制，原始记录、统计工作等基础工作的完善，以及滚动计划、目标管理等现代管理方法的应用等。

生产管理。主要包括：测绘生产过程的组织，生产类型和生产结构的确定，生产能力的核定，质量标准的制定，生产任务的优化分配等。

技术管理。主要包括：测绘产品的技术设计，工艺流程的完善，新技术开发和新产品开发，科学研究与技术革新等。

全面质量管理。主要包括：全面质量管理意识的树立，质量保证体系的完善，产品质量的评价等。

仪器设备管理。主要包括：仪器设备的日常管理与维修保养，仪器设备的利用、改造和更新，仪器设备的检测，仪器设备维修计划的制订和执行等。

物资供应管理。主要包括：物资供应计划的编制、执行和检查分析，物资的采购、运输、保管和发放，物资的合理使用、回收等。

劳动人事与工资管理。主要包括：职工的招聘、调配、培训和考核，劳动计划的编制、执行和检查，以及工资制度、工资计划的编制与执行等。

成本与财务管理。主要包括：成本计划和财务计划的编制与执行，成本核算、控制与分析，固定资金、流动资金和专用基金的管理以及经济核算等。

技术经济分析。主要包括：静态分析、动态分析和量本利分析方法的使用，工程项目的可行性研究等。

上述管理内容，不仅适用于测绘企业，也适用于测绘事业单位。不过测绘企业更加重视市场研究和预测经营活动。随着改革开放的深入以及现代企业制度的建立，测绘企业的经营自主权进一步扩大，主要包括下列内容。

扩大经营管理的自主权，即扩大测绘企业在产、供、销计划管理上的权限。测绘企业从现在执行的指令性计划、指导性计划和市场调节计划，逐渐过渡到靠招投标的方法，到测绘市场上去招揽工程（测绘任务）和推销测绘产品。

扩大财务管理自主权，即测绘企业拥有资金独立使用权。测绘企业可以通过向银行贷款的方式，筹措所需要的生产建设资金。测绘企业有权使用折旧资金和修理资金，有权自筹资金扩大再生产，并从利润留存中设立生产发展基金、职工福利基金和奖励基金，多余固定资产可以出租、转让。

扩大劳动人事管理自主权。即测绘企业有权根据考试成绩和生产技术专长择优录用新职工；有权对原有职工根据考核成绩晋级提升，对严重违纪并屡教不改者给予处分，直至辞退、开除；有权根据需要实行不同的工资形式和奖励制度；有权决定组织机构设置及人员编制。

二、测绘工程师

（一）职业概况及职业分类

1.职业概况

测绘工程是一个古老的学科，它随着人类对自然的开发和改造的不断深入而产生，并逐渐发展壮大。测绘工程是一个基础性的学科，现在一般应用于园林测绘，它所得到的数据信息是具有基础地位的信息，是任何国家都不能忽视的。

测绘工程在古代经历了漫长的发展阶段，古人对测绘进行了不同程度的研究，但还没有形成体系。工业革命开始后，人们更加注重脚下的这块土地，公路、铁路等的修建也促进了近代测绘技术的发展。这一时期为现代测绘技术的产生奠定了理论和物质基础。两次世界大战，成了测绘工程发展的助推剂，推动了测绘技术的发展。之后，测绘工程不断吸收信息革命中层出不穷的新技术、新方法，采用新手段，逐渐发展成为现在我们所看到的现代测绘工程。

在现代社会，测绘工程的作用不可低估，例如，在地质勘探、矿产开发、水利交通建设等项目中，必须进行测量并绘制地形图，以便于施工建设工作顺利展开；在城市建设规划、国土资源利用、环境保护等工作中，必须进行土地测量，绘制各种地图，供规划和管理使用；在军事上需要绘制军用地图，供行军、作战使用，还要有精确的地心坐标和地球重力场数据，以确保远程武器精确命中目标。实际上，我国组织实施的有深远影响的大型工程，如南水北调、西气东输、青藏铁路等，都需要测绘工程师的积极参与，他们的工作对整个工程的成败起着决定性的作用。

目前，随着电子技术的发展，测绘工程朝着电子化和自动化的方向发展。20世纪初，航摄像片制图技术及电子测距技术的引进，使得工程测绘精度进一步提高。20世纪晚期，卫星被作为大地测量的参考点，人们开始使用计算机来处理、记录测量数据，测绘工程的技术又获得了重大发展。测绘工程与各种新技术和新工具相结合，催生了许多新兴领域，也提供了更多、更具有挑战性，也更有发展前途的工作类型。

随着信息时代的到来，测绘工程的产品——关于地理方面的信息，已经成为一种重要的战略资源和商品，不能再像以前一样可以免费得到，这就又加速了测绘工程的产业化进程，从而为测绘工程专业带来了发展机遇。

目前国内已经出现了许多高效益的科技公司，这些公司的出现极大地促进了测绘行业的发展，为测绘工程人才提供了大量的就业机会。例如，测绘工程师适宜到测绘局、科研单位从事工程测量、科学研究工作，到各种工程建设部门（电力、水利、城建、军事、能源、交通等）和有关的工矿企业（如金属矿山、石油、地质、煤炭等），从事规划设计、监理、施工等方面的测量工作。

2.职业分类

测绘工程师共分三级：助理工程师、工程师、高级工程师。测绘业务大致包括：测绘项目技术设计；测绘项目技术咨询和技术评估；测绘项目技术管理、指导与监督；测绘成果质量检验、审查、鉴定；国务院有关部门规定的其他测绘业务。

（二）技能要求

把握地面测量、海洋测量、空间测量、地球外形及外部重力场等方面的基本理论和基本知识；把握大地测量、工程测量、海洋测量、矿山测量、地籍测量技术；把握摄影测量（解析摄影测量、数字摄影测量）和图像图形信息处理的理论和方法；把握使用各种信息源设计、编制各类地图的理论与方法。

具有从事国家大地控制网的建立，陆地、海洋、空间精密定位与导航，大比例尺数字化测图与地籍图的测绘及其信息系统的建立，各种工程、大型建筑物的各阶段测绘及变形监测，资源（土地、矿产、海洋等）合理开发、利用及环境整治等方面工作的基本能力；认识各种测绘方针、政策和法规。

了解现代大地测量、现代工业测量、空间测量、地球动力学、海洋测量等领域的理论前沿及发展动态；掌握文献检索、资料查询的基本方法；具有一定的科学研究和实践工作能力。

（三）测绘人员专业素养的提升

测绘行业的专业技术人员以及管理人员不仅要具备专业理论基础知识，还要掌握相关的技能和系统化的方法，了解通过仪器获得测绘数据的原理（如获得途径、处理方法、处理流程等），能进行直观分析和判断，了解数据间的传递和转换技巧。此外，还要树立科学的观念，对专业知识有整体的把握。这样测绘人员即使某一方面专业基础并不是很强，但由于具备整体性思维及丰富的经验，也能利用现代信息技术对数据进行处理。所以，合格的专业测绘工程师要在经验积累中提升技能，实现整体技术素养的提高。

1.测绘学的知识体系要求

测绘学的知识体系包括：基于数理基础的测绘专业理论，测绘仪器和数据分析，计算机编程和图形处理软件理论和应用，测绘技术系统的集成理论。

必要的数理基础是进入测绘行业的门槛，包括数值分析、数理统计等，它帮助测绘人员建立明晰的空间和标识概念，是测绘人员掌握现代测绘学原理、方法和技术的基础。而测绘专业理论包括与测图和测量相关的测绘学、大地测量、空间定位及制图学等。

测绘人员需要依赖测绘仪器和设备进行数据测量和处理分析，因此必须熟练掌握现代仪器的操作技能，具备数据链接、数据转换和数据处理的理论和实践能力。

测绘人员要有足够的计算机技术知识，掌握一定的人机接口实践、自动化、CAD制图、数据库基础等知识，这有利于增强测绘人员在各个阶段的数据甄别和分析处理能力。

新技术不断加速各项科研成果的融合，从而形成了各种技术的系统集成，所以测绘人员需要有大局观，熟悉地理信息系统（GIS）和管理科学，把各种技术与现代工程建设、城市规划和经济布局、行政管理和决策等内容有机地联系起来。

2. "可拓性"专业素养的提升

新技术的应用提高了数据的时效性和精确性，也提高了测绘人员的劳动效率，但同时对测绘人员的专业素养也提出了更高要求。这要求测绘人员除具备测绘学专业基础理论和知识体系外，还要具有较强的自学能力、系统化的思维方法，以及有效的猜测和联想能力，在此，我们称其为"可拓性"专业素养。

自学的目的有两个：一是复习或唤醒原来的测绘学基础理论知识，二是增强对新知识的了解，充实自己。例如，就全站仪设备来说，数据测量体现了空间的三维标定和地形地貌信息，通过测量强化了地理、绘图和空间信息知识，同时也能帮助人们了解数据如何在图上实现数字化，以及数据处理技术、数字成图技术等。自学获取知识的途径有在操作实务中积累经验，向有经验的老师和前辈请教，以及查阅专业的工具书或者工作手册等。这就要求测绘工程师从整体上把握测绘事业、仪器和数据，这样才能系统地去判读、甄别，分析和管理各作业段。整体意识就是在态度上明确"事件的发生都不是孤立的，事件之间是有联系的"这一观念；要认真思考事件间的逻辑关系，分析它们的本质，从大局的角度来指导工作实务，从而系统地提高自身的专业技术能力和整体管理能力。

创新是社会发展的动力，上文所说的有效的猜测和联想能力也属于这个范畴。在一个新的工程项目中，面对新的测绘要求，必然会出现很多新的情况和大量的测量数据，如何进行有效的甄别和转换，就需要工程师在掌握基本测绘规律、具备系统化观念的基础上，进行有效的猜测和联想，发现数据的潜在关联，创新性地为管理部门提供决策依据。

（四）就业前景

测绘工程是一个快速发展的学科，也是一种很有发展前途的工作类型。目前，测绘工程专业人才总体上可以有如下的就业选择。

可在航天、航空、交通、公安、国防等部门从事导航及通信工作、海洋测量工作、管理工作及科研工作。

可在航天、航空、交通、冶金煤炭、地震等部门从事定位测量、重力测量、地球物理勘探等方面的生产、设计和规划管理工作。

从事精密工程测量、形变监测、海洋测量、卫星测控、卫星测量、数据处理及城市建设、国防工程、土地管理等行业的测量和管理技术工作。

可在大地测量、工程测量、摄影测量，以及地图制图与地理信息系统、城市建设与规划、国土资源与环境、国防和军事科学等领域从事工程、设计、规划和管理工作。

从事信息系统的设计、开发、建立、维护、管理和信息处理、分析工作，为重大项目的立项、论证，投资环境的评估，各种用地的评价，重大工程的选址、规划，以及各种灾难的损失估计和预告、猜测提供科学依据。

可在各种所有制的公私营企业从事测绘产品和设备的研究、开发工作。

展望未来，测绘工程专业必有用武之地。随着信息革命的深入，人们方便、快捷、正确、实时地获取信息已成为迫切需求。基于此，测绘工程专业将会有良好的发展前景，目前以全球定位系统为代表的新兴技术已经在交通、航运、管理等方面显现出了巨大的优势，随着卫生技术和测绘工程技术的发展，测绘工程专业的发展空间依然广阔。另外，地理信息系统的应用，真正实现了"所见即所得"的地理信息管理模式，极大地方便了人们的应用。以上所有，都将推动测绘工程产业化的进程，为广大测绘人才提供实现自身价值的机会。

第三节　测绘工程管理

管理活动的实现，需要具备的基本条件如下：应当有明确的管理执行者，也就是必须有具备一定资质条件和技术力量的管理单位或组织；应当有明确的行为准则，它是管理的工作依据；应当有明确的被管理行为和被管理的行为主体，它是管理的对象；应当有明确的管理目的和行之有效的思想理论、方法和手段。根据管理的概念，不难得出测绘工程管理的概念。

一、测绘工程管理的概念及性质

（一）测绘工程管理的概念

综合各方文献，关于测绘工程管理的概念，主要有以下几种观点：

①测绘工程管理是针对测绘工程项目所实施的管理活动；

②测绘工程管理的行为主体是具备相应资质条件的测绘工程单位；

③测绘工程管理是有明确依据的管理行为；

④测绘工程管理主要发生在测绘工程项目的实施阶段；

⑤测绘工程管理是微观性质的管理活动。

笔者认为，测绘工程管理是指针对测绘工程项目实施，社会化、专业化的测绘工程单位根据国家有关测绘工程的法律、法规和测绘工程合同所进行的旨在实现项目投资目的的微观管理活动。

（二）测绘工程管理的性质

测绘工程管理具有以下性质。

1.服务性

测绘工程管理既不同于测绘工程的直接生产活动，也不同于业主的直接投资活动。它既不是工程承包活动，也不是工程发包活动。它不需要投入大量资金、材料、设备、劳动力，只是在测绘工程项目实施过程中，相关人员利用自己在测绘工程方面的知识、技能和经验，在测绘工程实施过程中进行管理，以实现在一定约束条件下的效益最大化。

测绘工程管理的服务性使它与政府主管部门对测绘工程实施过程中行政性监督管理活动区别开来。测绘工程管理与政府主管部门的质量监督都属于测绘工程领域的监督活动。但是，前者属于测绘单位自身在满足一定约束条件下的行为，后者属于政府行为。因此，它们在性质、执行者、任务、范围、工作深度和广度，以及方法、手段等多方面存在明显差异。政府主管部门的专业执行机构实施的是一种强制性政府监督行为。就工作范围而言，测绘工程管理工作范围伸缩性较大，它是全过程、全方位的管理，包括目标规划、动态控制、组织协调、合同管理、信息管理等一系列活动，而政府质量监督则只限于测绘工程质量监督，且工作范围变化较小，相对稳定。两者的工作方法和手段不完全相同，测绘工程管理主要采用组织管理的方法，从多方面采取措施进行项目进度控制、质量控制；而政府质量监督则侧重行政管理的方法和手段。

2.科学性

测绘工程管理的目的就是通过管理者谨慎而勤劳的工作，力求在成本控制、进度和质量目标内完成测绘工程项目，这就决定了测绘工程管理的科学性。测绘工程管理要在预定的进度、质量目标内控制成本，完成工程项目。所以，只有不断地采用更加科学的思想、理论、方法、手段，才能更好地管理测绘工程项目。

测绘工程管理的科学性是由工程项目所处的外部环境特点决定的。测绘工程项目总是处于动态的外部环境包围之中，随时都有被干扰的可能，如测绘作业受气候因素制约等。因此，测绘工程管理要适应千变万化的项目外部环境，要抵御来自外部环境的干扰，这就要求相关人员具有应变能力，要进行创造性的工作。

二、测绘工程管理的中心任务和基本方法

（一）测绘工程管理的中心任务

测绘工程管理的中心任务就是控制工程项目目标，也就是控制经过科学规划所确定的测绘工程项目的成本、进度和质量目标。这三大目标是相互关联、互相制约的目标系统。目标控制应当成为测绘工程管理的中心任务。

（二）测绘工程管理的基本方法

测绘工程管理的基本方法是一个系统，由不可分割的若干个子系统组成。它们相互联系、互相支持、共同运行，形成一个完整的方法体系，包括目标规划、动态控制、组织协调、信息管理、合同管理。

1.目标规划

这里所说的目标规划是以实现目标控制为目的的规划和计划，它是围绕测绘工程项目投资、进度控制和质量目标进行研究确定、分解综合、计划安排、风险管理、措施制定等工作的集合。目标规划是目标控制的基础和前提，只有做好目标规划的各项工作，才能有效实施目标控制。目标规划得越好，目标控制的基础就越牢固，目标控制的前提条件也就越充分。

2.动态控制

动态控制是开展测绘工程项目活动时采用的基本方法。动态控制工作贯穿测绘工程项目的整个过程。所谓动态控制，就是在完成测绘工程项目的过程中，

通过对过程、目标和活动的跟踪，全面、及时、准确地掌握测绘工程信息，将实际目标值与工程状况、计划目标进行对比，如果偏离了计划和标准的要求，就采取措施加以纠正，以便达到计划总目标的要求。这是一个不断循环的过程，直至项目完成。

3.组织协调

在测绘工程项目的实施过程中，管理者要不断进行组织、协调，它是实现项目目标不可缺少的方法和手段。组织协调与目标控制是密不可分的，协调的目的就是使项目顺利完成。

4.信息管理

测绘工程管理离不开测绘工程信息。在测绘工程实施的过程中，管理者要对所需要的信息进行收集、整理、处理、存储、传递、应用等一系列工作，这些工作总称为信息管理。信息管理对测绘工程管理是十分重要的，管理者在开展工作时要不断预测或发现问题，要不断地进行规划、决策、执行和检查，而做好每项工作都离不开相应的信息。

5.合同管理

合同管理对于测绘工程管理是非常重要的，根据国外经验，合同管理产生的经济效益往往大于技术优化所产生的经济效益。项目工程合同应当对参与项目的各方行为起到控制作用，同时，具体指导项目工程合同如何操作完成。所以，从这个意义上讲，合同管理能保证和合同内容相关的事项能够按原计划顺利开展

第三章　测绘工程的组织、目标控制及技术设计

第一节　测绘工程的组织

一、组织的基本原理

组织是管理中的一项重要职能。建立精简、高效的项目机构并使之正常运行，是实现工程目标的前提条件。因此，组织的基本原理是管理人员必备的理论知识。

组织理论的研究分为两个相互联系的分支学科，即组织结构学和组织行为学。组织结构学侧重组织的静态研究，即组织是什么，其研究目的是建立一个精简、合理、高效的组织结构；组织行为学则侧重组织的动态研究，即组织如何才能够达到最佳效果，其研究目的是建立良好的组织关系。

（一）组织和组织结构

1.组织

所谓组织，就是为了使系统达到它特定的目标，使全体参加者经分工与协作，以及设置不同层次的权力和责任制度而构成的一种人的组合体。它含有以下三层意思：

①目标是组织存在的前提；

②没有分工与协作就不是组织；

③没有不同层次的权力和责任制度就不能实现组织活动和组织目标。

作为生产要素之一，组织有如下特点：其他要素可以相互替代，如增加机器设备可以替代劳动力，而组织不能替代其他要素，也不能被其他要素所替代；但是组织可以使其他要素通过合理配合而实现增值，即可以提高其他要素的使用效益。随着其他生产要素复杂程度的提高，组织在提高经济效益方面的作用也日益显著。

2.组织结构

组织内部构成和各部分间所确立的较为稳定的相互关系和联系方式，称为组织结构，组织结构的基本内涵如下：

①确定正式关系与职责的形式；

②向组织各个部门或个人分派任务；

③协调各种分散活动和任务的方式；

④组织中权力、地位和等级的关系。

3.组织结构与职权的关系

组织结构与职权形态之间存在着一种直接的相互关系，这是因为组织结构与职位，以及职位间关系的确立密切相关，因而组织结构为职权关系的形成提供了一定的条件。组织中的职权指的就是组织中成员间的关系，而不是某一个人的属性。职权不仅与合法地行使某一职位的权力紧密相关，而且以下级服从上级的命令为基础。

4.组织结构与职责的关系

组织结构与组织中各部门、各成员的职责的分派直接相关。在组织中，只要有职位就有职权，而只要有职权也就有职责。组织结构为职责的分配和确定奠定了基础，而组织的管理则是以机构和人员职责的分派和确定为基础的。利用组织结构可以评价组织各个成员的功绩与过错，有效开展组织中的各项活动。

（二）组织设计

组织设计就是对组织活动和组织结构设计的过程，有效的组织设计在提高组织活动效能方面起着重要作用。组织设计是管理者在系统中有意识地建立有效相互关系的过程，该过程既要考虑系统的外部要素，又要考虑系统的内部要素。组织设计的结果是形成组织结构。

1.组织构成因素

组织构成一般是上小下大的形式，由管理层次、管理跨度、管理部门、管理职能四大因素组成，各因素是密切相关且相互制约的。

（1）管理层次

管理层次是指从组织的最高管理者到最基层的实际工作人员之间的等级层次的数量。管理层次有以下几个，即决策层、协调层、执行层、操作层。决策层的任务是确定管理组织的目标、大政方针及实施计划，它必须精简、高效。协调层的任务主要是参谋、咨询，其人员应有较强的业务能力。执行层、操作层的任务是直接参与调动和组织人力、财力、物力等具体活动，其人员应有实干精神并能坚决贯彻管理指令；具备熟练的作业技能，负责具体操作，或者完成具体任务。这几个层次的职能和要求不同，意味着不同的职责和权限，同时也反映了组织机构中的人数变化规律。组织从最高管理者到最基层的实际工作人员，其权责逐层递减，而人数却逐层递增。如果组织缺乏足够的管理层次，则将陷入无序的状态，因此组织必须形成必要的管理层次。不过，管理层次也不宜过多，否则会造成资源的浪费，也会导致信息传递慢、指令走样、协调困难等问题。

（2）管理跨度

管理跨度是指一名上级管理人员所直接管理的下级人数。在组织中，某级管理人员管理跨度的大小直接取决于这一级管理人员所需要协调的工作量。管理跨度越大，领导者需要协调的工作量就越大，管理的难度也越大。因此，为了使组织能够高效地运行，必须确定合理的管理跨度。管理跨度的大小受很多因素的影响，它与管理人员的性格、才能、精力、授权程度及被管理者的素质有关。此外，还与工作的难易程度、工作的相似程度、工作制度和工作程序等客观因素有关。确定适当的管理跨度，须不断积累经验并在实践中进行必要的调整。

（3）管理部门

组织中各部门的合理划分对发挥组织效能是十分重要的。如果部门划分不合理，就会造成控制、协调困难，也会导致人浮于事，浪费人力、物力、财力资源。管理部门的划分要根据组织目标与工作内容确定，形成既相互独立又相互配合的组织机构。

（4）管理职能

组织设计应确定各部门的职能，应确保纵向的领导、检查、指挥足够灵活，达到指令传递快、信息反馈及时的效果；确保横向各部门间相互联系、协调一致，使各部门各司其职，尽职尽责。

2.组织设计原则

项目机构的组织设计一般要遵循以下几项原则。

（1）集权与分权统一的原则

在任何组织中，都不存在绝对的集权和分权。项目机构是采取集权形式还是分权形式，要根据工程的特点、工作的重要性等因素进行综合考虑。

（2）专业分工与协作统一的原则

对于项目机构来说，分工就是将目标，特别是投资控制、进度控制、质量控制三大目标分成各部门以及工作人员的目标、任务，明确干什么、怎么干。在分工中要特别注意以下三点：

①尽可能按照专业化的要求来设置组织机构；

②工作上要有明确的分工，并能承担相应的岗位责任；

③注意分工的经济效益。

在组织机构中还必须强调协作。所谓协作，就是明确组织机构内部各部门之间和各部门内部的协调关系与配合方法。在协作中应该特别注意：要明确各部门之间的工作关系，找出容易产生矛盾的点，加以协调。有具体可行的协作配合办法，规范协作中的各项关系。

（3）管理跨度与管理层次统一的原则

在组织机构的设计过程中，管理跨度与管理层次呈反比关系。也就是说，当组织机构中的人数一定时，如果管理跨度加大，管理层次就可以适当减少；反之，如果管理跨度缩小，管理层次就会增多。一般来说，项目机构在设计过程中，应该在通盘考虑影响管理跨度的各种因素后，在实际运用中根据具体情况确定管理层次。

（4）权责一致的原则

项目机构的管理人员应明确划分职责权力范围，做到责任和权力相一致。从组织结构的规律来看，一定的人总是在一定的岗位上担任一定的职务，这样就产生了与岗位职务相适应的权力和责任，只有做到有职、有权、有责，才能使组织机构正常运行。由此可见，组织的权责是相对于预定的岗位职务来说的，不同的岗位职务应有不同的权责。权责不一致，对组织的效能损害是很大的。权大于责就容易产生瞎指挥和滥用权力的官僚主义；责大于权就会影响管理人员的积极性、主动性、创造性，使组织缺乏活力。

（5）才职相称的原则

每项工作都应该明确完成该项工作所需要的知识和技能。对组织成员来说，可考察其学历与经历，通过测验、面谈等方式了解其知识、经验、才能、兴趣等，并进行评审比较。职务设计和人员评审都应采用科学的方法，使每个人现有的和可能有的才能与其职务上的要求相适应，做到才职相称，人尽其才，才得其用，用得其所。

（6）经济效率原则

项目机构设计必须将经济性和高效率放在重要位置。组织结构中的每个部门、每个人应为了一个统一的目标而努力，因此应将组织人员和部门组合成最适宜的结构形式，在内部进行有效协调，使事情办得简洁而正确，减少重复和扯皮现象。

（7）弹性原则

组织机构既要有相对的稳定性，不要总是轻易变动，又要随组织内部和外部条件的变化，根据长远目标作出相应的调整与变化，使组织机构具有一定的适应性。

（三）组织机构活动基本原理

组织机构的目标必须通过组织机构活动来实现。组织机构活动应遵循如下基本原理。

1.要素有用性原理

一个组织机构中的基本要素有人力、物力、财力、信息、时间等。运用要素有用性原理，首先应看到人力、物力、财力等要素在组织机构活动中的有用性，充分发挥各要素的作用，根据各要素作用的大小、地位的主次进行合理安排、组合和使用，做到人尽其才、财尽其利、物尽其用，尽最大可能提高各要素的有用率。一切要素都有作用，这是要素的共性，然而要素不仅有共性，还有个性。例如，同样是工程师，由于专业知识、能力、经验等水平的差异，所起的作用也就不同。因此，管理者在组织机构活动过程中不但要看到一切要素都有作用，还要具体分析各要素的特殊性，以便充分发挥每一个要素的作用。

2.动态相关性原理

组织机构处在静止状态是相对的，处在运动状态则是绝对的。组织机构内部各要素之间既相互联系，又相互制约；既相互依存，又相互排斥，这种相互作用推动组织活动的进行与发展。这种相互作用的因子，叫作相关因子。充分发挥相关因子的作用，是提高组织管理效应的有效途径。事物在组合过程中，由于相关因子的作用，可以发生质变。一加一可以等于二，也可以大于二，还可以小于二。整体效应不等于其各局部效应的简单相加，这就是动态相关性原理。组织管理者的重要任务就是使组织机构活动的整体效应大于局部效应之和，否则，组织就失去了存在的意义。

3.主观能动性原理

人和宇宙中的各种事物都是客观存在的物质，不同的是，人是有生命、有思想、有感情、有创造力的。人会制造工具，并使用工具进行劳动；在劳动中改造世界，同时也改造自己；能继承并在劳动中运用和发展前人的知识。人是生产力中最活跃的因素，组织管理者的重要任务就是要把人的主观能动性充分发掘出来。

4.规律效应性原理

组织管理者在管理过程中要掌握规律，按规律办事，把注意力放在抓事物内部的、本质的、必然的联系上，以达到预期的目标，取得良好效应。规律与效应的关系非常密切，只有努力揭示规律，才有获得效应的可能。而要获得好的效应，管理者就要主动研究规律，坚决按规律办事。

二、测绘工程项目组织

项目组织在测绘工程项目的整个过程中具有十分重要的作用。组织好坏直接决定了项目的成本、项目的工期以及项目的质量。首先，要做好测绘工程项目的目标管理；其次，在项目组织过程中，要对项目的生产全过程进行有效的控制，包括工期、成本、质量、资源配置等。

（一）测绘工程项目目标管理

测绘工程项目目标实际上就是在规定的工期内尽量降低成本、保证质量，完成项目合同中所要求的所有测绘任务，这是总体目标。测绘工程项目目标包括工期目标、成本目标和质量目标。

1.工期目标

工期目标就是在项目合同规定的时间内完成整个项目。项目要通过不同的工序完成，如地形图测量项目，其要通过收集资料、技术设计控制测量、图根测量、细部测量、检查验收等工序。工期目标应分解为各个工序的工期目标。各个工序的工期目标集合起来，就形成了项目的整体工期目标。

2.成本目标

成本目标就是完成项目所需的目标数额，也可称为成本预算。任何项目都期望花尽量少的费用完成项目的总体目标，但必须保证质量。成本可分解为人工成本、设备折旧或租用成本、消耗材料成本三大类。这三大类成本还可按不同的工序进一步分解，比如地形图测量项目，在细部测量工序中，每个测量小组 3 人，配备 1 台全站仪、1 台电脑，消耗材料包括 1 卷绘图纸、1 箱复印纸、100 根木桩、50 枚道钉、4 盒水泥钉、3 支油性记号笔、2 罐喷洒式油漆等。假定工期 50 天，整个项目需 10 组进行细部测量，人工费 200 元每天，全站仪折旧费每天 30 元，电脑折旧费每天 20 元，绘图纸 230 元每卷，复印纸 130 元每箱，木桩 0.5 元每根，道钉 2 元每个，水泥钉 6 元每盒，油性记号笔 15 元每支，油漆 16 元每罐，则项目细部测量的成本目标约为 33 万元。同理，可算出其他项目工序的成本目标。全部工序的成本目标加起来就构成了整个项目的成本目标。

3.质量目标

质量目标就是期望项目最终能够达到的质量等级。质量等级分为合格、良好和优秀。衡量项目质量有很详细的质量指标体系。测绘成果的质量由测绘成果检验部门检查、验收和评定。

（二）测绘工程项目的资源配置

人员和设备是完成测绘工程项目资源配置的两个主要条件，项目应配置合适的人员和设备。下面分别讨论人员配置和设备配置。

1.人员配置

测绘项目人员配置分为项目负责人、生产管理组、技术管理组、质量控制组、后勤服务部门（包含资料管理组、设备管理组、安全保障组、后勤保障组等)，下面对各项目组职责及成员构成进行说明。

（1）项目负责人

项目负责人一般由院长（总经理）担任，全面负责本项目生产计划的管理，主要包括技术管理、质量控制、资料的安全保密管理等工作。

（2）生产管理组

测绘项目中的生产管理组一般分为三个层次：项目生产负责人一般由生产院长（项目经理）担任，中队（部门）生产负责人一般由中队长（部门经理）担任，作业组生产负责人一般由各生产作业组长担任。项目负责人全面负责整个项目的工作，包括经费控制、进度控制、质量控制、人员管理等。中队（部门）生产负责人全面负责整个中队（部门）的生产工作，也包括经费控制、进度控制、质量控制、人员管理等。作业组生产负责人全面负责作业组的工作，一般不负责经费管理，只负责进度、质量和人员管理。

（3）技术管理组

测绘项目中的技术管理组一般分为三个层次：项目技术负责人一般由总工担任，中队（部门）技术负责人一般由中队（部门）工程师担任，作业组技术负责人一般由各生产作业组工程师担任。项目技术负责人是测绘项目的最高技术主管，负责整个项目的技术工作。中队（部门）技术负责人全面负责整个中队（部门）的技术工作。作业组是最基本的作业单位，每个组设一个技术组长，负责全组的技术工作，技术组长一般由组长兼任。作业员具体从事观测、数据处理等工作，作业组的组长（技术组长）也兼做作业员的工作。

（4）质量控制组

测绘项目的质量控制组一般由质量控制办公室（部门）负责，着重对每一道工序进行质量检查。

（5）后勤服务部门

后勤服务部门包含资料管理组、设备管理组、安全保障组、后勤保障组等，各自负责项目的后勤服务工作。

2.设备配置

目前测绘项目的主要设备包括水准仪、经纬仪、全站仪、定位测量仪、航空摄影机、数字摄影测量工作站和数字成图仪等。这七类设备前五类属于外业设备，后两类属于内业设备。测绘项目要配备合适的设备。例如，进行地形图测绘时，地形图的比例尺和范围大小不同，因此要采用不同的测绘方法及不同的测绘设备。

第二节　测绘工程的目标控制

一、目标控制的基本知识

目标控制是项目管理的重要职能之一。目标控制通常是指管理人员按照事先制定的计划和标准，检查和衡量被控制对象在项目实施过程中所取得的成果，并采取有效措施纠正所发生的偏差，以保证计划目标得以实现的管理活动。由此可见，实施目标控制的前提是确定合理的目标和制订科学的计划，继而进行组织设置和人员配备，并实施有效的领导。计划一旦开始执行，就必须进行控制，以检查计划的实施情况。当发现实施过程偏离计划时，应分析偏离计划的原因，确定应采取的纠正措施，并采取纠正行动。在纠正偏差的行动中，继续进行实施情况的检查，如此循环，直至项目目标实现为止，从而形成一个反复循环的动态控制过程。

（一）目标控制的基本程序

目标控制要经过投入、转换、反馈、对比、纠正等基本环节。缺少任何一个基本环节，动态控制过程都不健全，都会降低目标控制的有效性。

1.投入

目标控制过程首先从投入开始。计划确定的资源数量、质量和投入的时间是保证计划实施的基本条件，也是实现计划目标的基本保障。因此，要使计划能够正常实施并达到预定目标，就应当保证将质量、数量符合计划要求的资源按规定时间和地点投入到项目中。

2.转换

项目的实现总是要经过从投入到产出的转换过程。正是由于这样的转换，才使得投入的人、财、物、方法、信息转变为产出品。在转换过程中，计划的执行往往会受到外部环境和内部系统多种因素的干扰，造成实际进展偏离计划轨道的情况。而这类干扰往往是潜在的，未被人们所预料或人们无法预料的。同时，由于计划本身不可避免地存在着一定问题，因而造成实际输出结果与期望输出结果之间产生偏离。为此，项目管理人员应当做好"转换"过程的目标控制工作，跟踪了解项目实际进展情况，掌握项目转换的第一手资料，为今后分析偏差原因、确定纠正措施提供可靠依据。同时，对于那些可以及时解决的问题，尽快采取控制措施，及时纠正偏差，避免积重难返。

3.反馈

反馈是目标控制的基础工作。即使是一个相当完善的计划，项目管理人员对其运行结果也没有百分之百的把握。因为在计划的实施过程中，实际情况的变化是绝对的，不变是相对的。每个因素的变化都会给预定目标的实现带来一定的影响。因此，项目管理人员必须在计划与执行之间建立密切的联系，及时捕捉项目进展信息并反馈给控制部门，为控制服务提供保障。为使信息反馈能够有效地配合控制的各项工作，使整个控制过程流畅地进行，需要设计信息反馈系统。

4.对比

对比是将实际目标成果与计划目标相比较，以确定是否有偏离。对比工作的第一步是收集项目实施成果并加以分类、归纳，形成与计划目标相对应的目标值，以便进行比较。对比工作的第二步是对比较结果进行分析，判断实际目标成果是否出现偏离。如果未发生偏离或所发生的偏离在允许范围之内，则可以继续按原计划实施；如果发生的偏离超出允许的范围，就需要采取措施予以纠正。

5.纠正

当出现实际目标成果偏离计划目标的情况时，就需要采取措施加以纠正。如果是轻度偏离，那么通常可采用较简单的措施进行纠偏；如果目标有较大偏离时，则需要改变局部计划才能使计划目标得以实现；如果已经确定的计划目标不能实现，那就需要重新确定目标，然后根据新目标制订新计划，使项目朝着新的目标发展。当然，最好的纠偏措施是把管理的各项职能结合起来，采取系统的方法对整个计划进行纠偏。

（二）动态控制原理

项目管理的核心是投资目标、进度目标和质量目标的三大目标控制。目标控制的核心是计划、控制和协调，即计划值与实际值比较，而计划值与实际值比较需要遵循动态控制原理。项目目标的动态控制是项目管理最基本的方法，是控制理论和方法在项目管理中的应用，因此目标控制最基本的原理就是动态控制原理。所谓动态控制，指根据事物及周边的变化情况，实时实地进行控制。

项目在实施过程中有时并不能按照预定计划顺利执行，因此必须实施控制。项目管理领域有一条重要的哲学思想——变化是绝对的，不变是相对的；平衡是暂时的，不是永恒的；有干扰是必然的，没有干扰是偶然的。因此，在项目的实施过程中，必须随着情况的变化进行项目目标的动态控制。

项目目标动态控制是一个动态循环过程。项目进展初期，随着人力、物力、财力的投入，项目按照计划有序开展。在这个过程中，有专门人员陆续收集各个阶段的动态变化实际数据。实际数据经过搜集、整理、加工、分析之后，与计划值进行比较。如果实际值与计划值没有偏差，则按照预先制订的计划继续执行；如果产生偏差，就要分析偏差产生的原因，采取必要的控制措施，以确保项目按照计划正常进行。在下一阶段工作开展过程中，按照此工作程序动态循环跟踪。

项目目标动态控制中的三大要素是目标计划值、目标实际值和纠偏措施。目标计划值是目标控制的依据和目的，目标实际值是进行目标控制的基础，纠偏措施是实现目标的途径。

项目目标的计划值是项目实施之前，以项目目标为导向制订的计划值，其特点是项目的计划值不是一次性的，随着项目的实施，计划值也需要逐步细化。因此，在项目实施各阶段都要编制计划。在项目实施的全过程中，不同阶段所制定的目标计划值之间也需要进行比较，因此需要对项目目标进行分解，以有利于目标计划值之间的对比分析。

目标控制过程的关键，是通过目标计划值和实际值的比较分析，以发现偏差，即项目实施过程中项目目标的偏离趋势和大小。这种比较是动态的、多层次的。同时，目标的计划值与实际值是相对的，如投资控制贯穿项目实施的全过程，初步设计概算相对于可行性研究报告中的投资匡算是"实际值"，相对于项目预算则是"计划值"。

项目进展的实际情况，以及正在进行的实际投资、实际进度和实际质量数据必须准确。如实际投资不能漏项，要完整反映真实投资情况。

要实现计划值与实际值的比较，前提条件是各阶段计划数据与实际值要有统一的分解结构和编码体系，相互之间的比较应该是分层次、分项目的比较，而不是单纯的总值之间的比较。只有各分项对应比较，才能找出偏差，分析偏差的原因，并及时采取纠偏措施。

（三）目标控制的风险评价与识别

企业在实现其目标的经营活动中，会遇到各种不确定性事件，这些事件发生的概率及其影响程度是无法事先预知的。这些事件将对经营活动产生影响，从而影响企业目标的实现。这种在一定环境下和一定限期内客观存在的、影响企业目标实现的各种不确定性事件就是风险。

风险管理工作的起点就是风险识别，即风险主体要弄清楚哪些经济指标存在不确定性，可能需要加以管理，这些指标的不确定性是由什么事由导致的，这些事由的原因是什么等。风险识别为风险分析、风险评价奠定了基础，也为风险管理对策的制定提供了方向。

1.风险的构成要素

风险的构成要素包括风险因素、风险事故和损失。

风险因素是指引起或增加风险事故发生的机会或扩大损失的条件，是风险事故发生的潜在原因。风险因素可分为物质风险因素、道德风险因素和心理风险因素。

风险事故是指造成财产损失和人身伤亡的偶发事件。只有发生风险事故，才会导致损失。风险事故意味着损失的可能成为现实，即风险的发生。

损失是指非故意的、非预期的和非计划的经济价值的减少。

风险是由风险因素、风险事故和损失三者构成的统一体。三者的关系为：风险因素引起或增加风险事故，风险事故的发生可能会造成损失。

2.风险的分类

常用的风险分类方法有如下几种。

按照风险的性质划分，可分为纯粹风险和投机风险。纯粹风险指当风险事件发生时，没有人能直接从风险事件中获益。投机风险主要是价格风险，当风险事件发生时，一些风险主体从中获益，另一些风险主体则受损。投机风险的风险事件包括商品价格波动、利率波动、汇率波动等。

按照风险致损的对象划分，可分为财产风险、人身风险和责任风险。财产风险是指财产价值增减的不确定性；人身风险分为生命风险和健康风险，前者是寿命的不确定性，后者是健康状态的不确定性；责任风险是指社会经济体因职业或合同，对其他经济体负有财产或人身责任大小的不确定性。

按照风险发生的原因划分，可分为自然风险、社会风险、经济风险和政治风险。自然风险指自然不可抗力，如地震、海啸、风雨、雷电等带来的我们关心的数量指标的不确定性；社会风险指社会中非特定个人的反常行为或不可预料的团体行为，如盗、抢、暴动、罢工等带来的我们关心的数量指标的不确定性；经济风险则是风险主体的经济活动和经济环境因素带来的我们关心的数量指标的不确定性；政治风险指因种族、宗教、战争、国家间冲突、叛乱等带来的我们关心的数量指标的不确定性。

按照产生风险的环境划分，可分为静态风险和动态风险。静态风险指自然力的不规则变动或人们的过失行为导致的风险；动态风险指社会、经济、科技或政治变动产生的风险。

按风险涉及范围划分，可分为特定风险和基本风险。特定风险是指与特定的人有因果关系的风险，即由特定个人所引起的，而且损失仅涉及特定个人的风险。基本风险是指其损害波及社会的风险。基本风险的起因及影响都不与特定的人有关，至少是个人所不能阻止的风险。与社会或政治有关的风险，与自然灾害有关的风险都属于基本风险。

另外，按照其他分类方法，还可把风险分为企业风险和个人风险。

企业风险包括纯粹风险和投机风险。企业的纯粹风险包括财产损失风险——由物理损害、被盗、政府征收而导致的公司财产损失的风险；法律责任风险——给供应商、客户、股东、其他团体带来的人身伤害或财产损失而必须承担法律责任的风险；员工伤害险——对雇员造成人身伤害而引起的赔偿风险；员工福利风险——由于雇员死、残、病而引起的，依雇员福利计划需要支付费用的风险；信用风险——当企业作为债权人（如赊销、借出资金等）时，债务人有可能不按约定履行或不履行偿债义务，当企业作为债务人时，也可能不能按约定履行或不履行偿债义务，两种情况都会给公司带来额外损失。企业的投机风险包括商品价格风险（买价、卖价）、利率风险和汇率风险。

个人风险包括收入风险、医疗费用风险、长寿风险、责任风险、实物资产与负债风险、金融资产与负债风险。

3.风险的识别

（1）风险识别的特点

一是个别性。任何风险都有与其他风险不同的地方，没有两个风险是完全一致的。在风险识别时尤其要注意这些不同之处，突出风险识别的个别性。

二是主观性。风险识别都是由人来完成的，由于个人的专业知识水平、实践经验等方面的差异，同一风险由不同的人识别，结果就会有较大的差异。风险本身是客观存在的，但风险识别是主观行为。在风险识别时，要尽可能减少主观性对风险识别结果带来的影响。要做到这一点，关键在于提高风险识别水平。

三是复杂性。各种项目所涉及的风险因素和风险事件都很多，这使风险识别具有很强的复杂性。因此，风险识别对风险管理人员要求很高，并且需要准确、详细的依据，尤其是定量的资料和数据。

四是不确定性。在实践中，可能因为风险识别的结果与实践不符而造成损失，其原因往往是风险识别结论错误导致的风险决策错误。根据风险的定义可知，风险识别本身也是风险，因而避免和减少风险识别的风险也是风险管理的重要内容。

（2）风险识别的原则

在风险识别过程中应遵循以下原则。

第一，由粗及细，由细及粗。由粗及细是指对风险因素进行全面分析，并通过多种途径对风险进行分解，逐渐细化，以获得对风险的广泛认识，从而得到项目初始风险清单；由细及粗是指确定那些对项目目标实现有较大影响的风险作为主要风险，进而对风险因素进行整体考量。

第二，严格界定风险内涵并考虑风险因素之间的相关性。对各种风险的内涵要严格加以界定，不要出现重复和交叉现象。另外，还要尽可能考虑各种风险因素之间的相关性，如主次关系、因果关系、互斥关系、正相关关系、负相关关系等。应当说，在风险识别阶段考虑风险因素之间的相关性有一定的难度，但至少要做到严格界定风险内涵。

第三，先怀疑，后排除。对于所遇到的问题，要考虑其是否存在不确定性，不要轻易否定或排除某些风险，要通过认真的分析进行确认或排除。

第四，排除与确认并重。对于肯定可以排除和肯定可以确认的风险，应尽早予以排除和确认；对于一时既不能排除又不能确认的风险，应再作进一步的分析，予以排除或确认；对于肯定不能排除但又不能肯定予以确认的风险，应按确认考虑。

第五，必要时，可做实验论证。对于某些按常规方式难以判定其是否存在，也难以确定其对项目目标影响程度的风险，尤其是技术方面的风险，必要时可通过实践进行论证。

二、测绘工程目标系统

任何工程项目都有投资、进度（或工期）、质量三大目标，这三大目标构成了工程项目的目标系统。为了有效进行目标控制，必须正确认识和处理投资、进度、质量三大目标之间的关系，并且合理确定和分解这三大目标。

测绘工程项目投资、进度、质量三大目标两两之间存在既对立又统一的关系。对此，首先要弄清楚在什么情况下表现为对立的关系，在什么情况下表现为统一的关系。从测绘工程项目业主的角度出发，往往希望该工程投资少、工期短（或进度快）、质量好。如果采取某种措施可以同时实现其中两个要求（如既投资少又工期短），则该两个目标之间就是统一的关系；反之，如果只能实现其中一个要求（如工期短），而另一个要求不能实现（如质量差），则该两个目标（即工期和质量）之间就是对立的关系。

下面具体分析测绘工程项目三大目标之间的关系。

（一）测绘工程项目三大目标之间的对立关系

测绘工程项目三大目标之间的对立关系比较直观，易于理解。一般来说，如果对测绘工程项目的质量要求较高，就需要采用较好的设备、投入较多的资金。此外，还需要精工细作，严格管理，不仅增加人力投入（人工费相应增加），还需要较长的作业时间。如果要加快进度，缩短工期，则需要加班加点或适当增加设备和人力，然而这将直接导致作业效率下降，单位产品的费用上升，从而使整个测绘工程的总投资增加。另外，加快进度往往会打乱原有的计划，使测绘工程项目的实施产生脱节现象，增加控制和协调的难度。不仅可能出现"欲速不达"的情况，而且会对测绘工程质量带来不利影响，甚至留下工程质量隐患。如果要降低投资，就需要考虑降低质量要求。同时，只能按费用最低的原则安排进度计划，整个测绘工程需要的作业时间就较长。

　　以上分析表明，测绘工程项目三大目标之间存在对立的关系。因此，不能奢望投资、进度、质量三大目标同时达到最优，即既要投资少，又要工期短，还要质量好。在确定测绘工程项目目标时，不能将投资、进度、质量三大目标割裂开来，分别孤立地分析和论证，更不能片面强调某一目标而忽略其对其他两个目标的不利影响，必须将投资、进度、质量三大目标作为一个系统统筹考虑，反复协调和平衡，力求实现整个目标系统的最优化。

（二）测绘工程项目三大目标之间的统一关系

　　对于测绘工程项目三大目标之间的统一关系，需要从不同的角度分析和理解。例如，加快进度、缩短工期虽然需要增加一定的投资，但是可以使整个测绘工程项目提前完成，从而提早发挥投资效益，还能在一定程度上减少利息支出。如果提早发挥的投资效益超过因加快进度所增加的投资额度，则加快进度从经济角度来说就是可行的。如果提高功能和质量要求，虽然需要增加一次性投资，但是可能会降低测绘工程投入使用后的运行费用和维修费用，从全寿命费用分析的角度来看，则是节约投资的。

　　在很多情况下，功能好、质量优的工程（如宾馆、商用办公楼）投入使用后的收益往往较高。此外，如果在工程实施过程中进行严格的质量控制，保证实现工程预定的功能和质量要求，则不仅可以减少测绘工程实施过程中的返工费用，可以大大减少投入使用后的维修费用。

严格控制质量还能起到保证进度的作用。如果在测绘工程实施过程中发现质量问题并及时进行返工处理，虽然需要耗费时间，但可能只影响局部工作的进度，不影响整个工程的进度；或虽然影响整个工程的进度，但是比不及时返工而酿成重大工程质量事故对整个测绘工程进度的影响要小，也比留下工程质量隐患到使用阶段才发现而不得不停止使用进行修理所造成的时间损失要小。在确定测绘工程项目目标时，应当对投资、进度、质量三大目标之间的统一关系进行客观且尽可能定量的分析，在分析时要注意以下几个方面的问题。

1.掌握客观规律，充分考虑制约因素

一般来说，加快进度、缩短工期所提前发挥的投资效益可能会超过加快进度所需要增加的投资，但不能由此得出"工期越短越好"的错误结论。因为加快进度、缩短工期会受到技术、环境、场地等因素的制约，所以不可能无限制缩短工期。

2.对未来的、可能的收益不宜过于乐观

通常，当前的投入是现实的，其数额也是较为确定的，而未来的收益却是预期的、不确定的。例如，提高功能和质量要求所需要增加的投资可以很准确地计算出来，但今后的收益却受到市场供求关系的影响，如果届时同类工程供大于求，则预期收益就难以实现。

三、测绘工程目标控制的基本内容

（一）测绘工程目标控制的前提工作

为了进行有效的目标控制，必须做好两项重要的前提工作：一是确定目标规划和计划；二是建立目标控制的组织。

1.确定目标规划和计划

如果没有目标，就无所谓控制；而如果没有计划，就无法实施控制。因此，要进行测绘工程目标控制，首先应对测绘工程目标进行合理的规划并制订相应的计划。测绘工程目标规划和计划越明确、越具体、越全面，目标控制的效果就越好。

（1）测绘工程目标规划和计划与测绘工程目标控制的关系

一方面，测绘工程目标规划和计划需要反复多次确认，测绘工程的实施要根据目标规划和计划进行控制，力求使之符合目标规划和计划的要求；另一方面，工程内容、功能要求、外界条件等都可能发生变化，工程实施过程中的反馈信息可能表明目标和计划出现偏差，这就要求目标规划与之相适应，并可能需要对前一阶段的目标规划做必要的修正或调整，真正成为目标控制的依据。由此可见，测绘工程目标规划和计划与目标控制之间具有一种交替出现的循环关系，但这种循环不是简单的重复，而是在新的基础上不断前进的循环，每一次循环都有新的内容、新的发展。

（2）测绘工程目标控制的效果在很大程度上取决于目标规划和计划的质量

应当说，测绘工程目标控制的效果直接取决于目标控制的措施是否得力，但是人们对测绘工程目标控制效果的评价通常是将实际结果与预定的目标和计划进行比较。如果出现较大的偏差，一般就认为控制效果较差；反之，则认为控制效果较好。从这个意义上讲，测绘工程目标控制的效果在很大程度上取决于目标规划和计划的质量。制订计划首先要保证计划的可行性，即保证计划的技术、资源、经济和财务的可行性。为此，首先必须了解并认真分析测绘工程自身的客观规律，在充分考虑工程规模、技术复杂程度、质量水平、主要工作的逻辑关系等因素的前提下制订计划，切不可不合理地缩短工期和降低投资。其次，要充分考虑各种风险因素对计划实施的影响，留有一定的余地，例如，在投资总目标中预留风险费或不可预见费，在进度总目标中留有一定的机动时间等。最后，还需要考虑业主的支付能力（资金筹措能力）、设备供应能力、人员管理和协调能力等。

在确保计划可行的基础上，还应根据一定的方法和原则优化计划。对计划进行优化，实际上就是做多方案的技术经济分析和比较。

2.建立目标控制的组织

由于测绘工程目标控制的所有活动以及计划的实施都是由目标控制人员实现的，因此如果没有明确的控制机构和人员，目标控制就无法进行，或者虽然有明确的控制机构和人员，但其任务和职能分工不明确，目标控制也不能有效地进行。这表明，合理而有效的组织是测绘工程目标控制的重要保障。测绘工程目标控制的组织机构和任务分工越明确、越完善，目标控制的效果就越好。

为了有效地进行测绘工程目标控制，需要做好以下组织工作：

①设置目标控制机构；

②配备合适的目标控制人员；

③落实目标控制机构和人员的任务与职能分工；

④合理组织目标控制的工作流程和信息流程。

（二）测绘工程目标确定的依据

测绘工程目标规划是一项动态性工作，在测绘工程的不同阶段都要进行，所以，测绘工程的目标并不是一经确定就不再改变的。由于测绘工程不同阶段所具备的条件不同，目标确定的依据自然也就不同。一般来说，在施工图设计完成之后，目标规划的依据比较充分，目标规划的结果也比较准确和可靠。但是，对于施工图设计完成以前的各个阶段来说，测绘工程数据库具有十分重要的作用，应予以足够的重视。测绘工程数据库对测绘工程目标确定的作用在很大程度上取决于数据库中与拟测绘工程相似的同类工程的数量。

测绘工程的目标规划总是由某个单位编制的，如设计院、监理公司或其他咨询公司。这些单位都应当将自己承担过的测绘工程的主要数据录入数据库。若某一地区或城市能够建立本地区或本市的测绘工程数据库，则可以在大范围内共享数据，增加同类测绘工程的数量，从而大大提高目标确定的准确性和合理性。

（三）测绘工程目标分解

1.测绘工程目标分解的原则

为了在测绘工程实施过程中有效地进行目标控制，仅有总目标还不够，还需要将总目标进行适当的分解。目标分解的原则如下。

（1）能分能合的原则

既要求测绘工程的总目标能够自上而下逐层分解，也能够根据需要自下而上逐层综合。这一原则实际上是要求目标分解要有明确的依据，并采用适当的方式，避免目标分解的随意性。

（2）区别对待、有粗有细的原则

根据测绘工程目标的具体内容、作用和所具备的数据，目标分解的粗细程度应当有所区别。例如，在测绘工程总投资构成中，有些费用数额大，占总投资的比例大，而有些费用则相反。从投资目标控制工作的要求来看，重点在于前一类费用的控制。因此，应当对前一类费用尽可能分解得细一些、深一些，而对最后一类费用则分解得粗一些、浅一些。另外，有些测绘工程内容的组成非常明确、具体，所需要的投资和时间也比较明确，可以分解得很细，而有些测绘工程内容则比较笼统，难以详细分解。因此，对不同测绘工程内容目标分解的层次或深度不必强求一样，要根据目标控制的实际需要和可能来确定。

（3）根据可靠的数据来源进行分解的原则

目标分解不是目的而是手段，是为目标控制服务的。测绘工程目标分解的结果是形成不同层次的分目标，这些分目标就成为各级目标控制组织机构和人员进行目标控制的依据。如果数据来源不可靠，分目标就不可靠，就不能作为目标控制的依据。因此，测绘工程目标分解的深度应当以能够取得可靠的数据为原则，并非越深越好。

（4）目标分解结构与组织分解结构相对应的原则

如前所述，测绘工程目标控制必须有组织加以保障，要落实到具体的机构和人员，因而就存在一定的目标控制组织分解结构。只有使测绘工程目标分解结构与组织分解结构相对应，才能进行有效的目标控制。一般来说，测绘工程目标分解结构较细、层次较多，而组织分解结构较粗、层次较少，因此测绘工程目标分解结构在较粗的层次上应当与组织分解结构一致。

2.测绘工程目标分解的方式

测绘工程的总目标可以按照不同的方式进行分解。对于测绘工程的投资、进度、质量三个目标来说，目标分解的方式不完全相同，其中，进度目标和质量目标的分解方式较为单一，而投资目标的分解方式较多。

按工程内容分解是测绘工程目标分解最基本的方式，其适用于投资、进度、质量三个目标的分解，但是这三个目标分解的深度不一定完全一致。一般来说，将投资、进度、质量三个目标分解到单项工程和单位工程是比较容易办到的，其结果也是比较合理和可靠的。在施工图设计完成之前，目标分解全少都应达到这个层次。至于是否分解到分部工程和分项工程，一方面取决于工程进度所处的阶段、资料的详细程度、设计所达到的深度等；另一方面取决于目标控制的工作需要。

第三节　测绘工程的技术设计

一、测绘工程技术设计基本认识

（一）测绘工程技术设计要素

测绘工程技术设计是将顾客或社会对测绘成果的要求（即明示的、通常隐含的或必须履行的需求或期望）转换为测绘成果（或产品）、测绘生产过程或测绘生产体系规定规范的过程。

1.测绘项目

测绘项目是由一组有起止日期的、相互协调的测绘活动组成的独特过程，该过程要达到符合时间、成本和资源的约束条件在内的规定要求的目标，且其成果（或产品）可在社会上直接使用和流通。

测绘项目通常包括一项或多项不同的测绘活动，根据其内容不同，可以分为大地测量、摄影测量与遥感、野外地形数据采集及成图、地图制图与印刷、工程测量、界线测绘、基础地理信息数据建库等测绘专业活动；也可根据测区的不同划分为不同的专业活动；也可将两者综合考虑进行划分。

2.测绘工程技术设计的目的

测绘工程技术设计的目的是为测绘项目制订切实可行的技术方案，保证测绘成果（或产品）符合技术标准和满足顾客要求，并获得最佳的社会效益和经济效益。因此，每个测绘项目作业前都应进行技术设计。

3.测绘工程技术设计文件

测绘工程技术设计文件是为测绘成果（或产品）的固有特性、生产过程或体系提供规范性依据的文件，既是设计形成的结果，也是决定测绘成果（或产品）能否满足顾客要求和技术标准的关键因素，主要包括项目设计书、专业技术设计书，以及相应的技术设计更改文件。

技术设计更改文件是在设计更改过程中，由设计人员提出并经过评审验证（必要时）和审批的技术设计文件。技术设计更改文件既可以是对原设计文件的技术性更改，也可以是对原设计文件的技术性补充。

4.测绘工程技术设计过程

为了确保测绘工程技术设计文件满足目标要求的适宜性、充分性和有效性，测绘技术的设计活动应按照一定的设计过程进行。这个过程是一组将设计输入转化为设计输出的相互关联或相互作用的活动，主要包括策划、设计输入、设计输出、设计评审、验证（必要时）、审批和更改。设计输入通常又称设计依据，与成果（或产品）、生产过程或生产体系的要求有关，是设计输出依据的基础性资料；设计输出指设计过程的结果，测绘工程技术设计输出的表现形式为测绘工程技术设计文件；设计评审是为确保设计输出达到目标规定的适宜性、充分性和有效性所进行的活动；设计验证是通过提供客观证据，对设计输出是否满足输入要求的认定。

（二）测绘工程技术设计分类

测绘工程技术设计可以分为项目设计和专业技术设计。项目设计是对测绘项目进行的综合性整体设计，一般由承担项目的法人单位负责编写；专业技术设计是对测绘专业活动的技术要求进行设计，它是在项目设计基础上，按照测绘活动内容进行的具体设计，是指导测绘生产的主要技术依据，专业技术设计一般由具体承担相应测绘专业任务的法人单位负责编写。

对于工作量较小的项目，可根据需要将项目设计和专业技术设计合并为项目设计。

（三）测绘工程技术设计编写依据

测绘工程技术设计应依据设计输入内容，充分考虑顾客的要求，引用适用的国家、行业或地方的相关标准或规范，重视社会效益和经济效益。相关标准或规范一经引用，便构成技术设计内容的一部分。

测绘工程技术设计方案应先考虑整体而后考虑局部，还应考虑未来发展。要根据作业区的实际情况，考虑作业单位的资源条件，如作业单位人员的技术能力、仪器设备配置等情况，挖掘潜力，选择最适用的方案。

对已有的测绘成果（或产品）和资料，应认真分析和充分利用。对于外业测量，必要时应进行实地勘察，并编写踏勘报告。积极采用适用的新技术、新方法和新工艺。

（四）测绘工程技术设计书的编写要求

1.技术设计书编写

项目设计书一般由承担项目的法人单位负责编写，专业技术设计书一般由具体承担相应测绘专业任务的法人单位负责编写。

技术设计书应内容明确，文字简练，对标准或规范中已有明确规定的，一般可直接引用，并根据引用内容的具体情况，标明所引用标准或规范名称、日期以及引用的章、条编号，且应在其引用文件中列出；对于作业生产中容易混淆和忽视的问题，应重点描述。

名词、术语、公式、符号、代号和计量单位等应与有关法规和标准一致。技术设计书的幅面、封面格式，以及字体、字号等应符合相关要求。

技术设计文件编写完成后，承担测绘任务的法人单位必须对其进行全面审核，并在技术设计文件和（或）产品样品上签署意见并签名（或章），一式二至四份，报承担测绘任务的委托单位审批。

2.精度指标设计

测绘工程技术设计书不仅要明确作业或成果的坐标系、高程基准、时间系统、投影方法，而且须明确技术等级或精度指标。对于工程测量项目，在设计精度时，应综合考虑放样误差、构件制造误差等的影响，既要满足精度要求，又要考虑经济效益。

3.工艺技术流程设计

工艺技术流程设计应说明项目实施的主要生产过程和这些过程之间输入、输出的接口关系。必要时，应用流程图或其他形式清晰、准确地规定生产作业的主要过程和接口关系。

4.工程进度设计

工程进度设计应对以下内容作出规定：

①划分作业区的困难类别；

②根据设计方案，分别统计各工序的工作量；

③根据统计的工作量和计划投入的生产实力，参照有关生产定额，分别列出年度进度计划和各工序的衔接计划。

工程进度设计可以编绘工程进度图或工程进度表。

5.质量控制设计

工程质量控制设计内容主要包括：

①组织管理措施，规定项目实施的组织管理和主要人员的职责和权限；

②资源保证措施，规定人员的技术能力或培训的要求，以及对软、硬件装备的需求等；

③质量控制措施，规定生产过程中的质量控制环节和产品质量检查、验收的主要要求；

④数据安全措施，规定数据安全和备份方面的要求。

6.项目经费预算

根据设计方案和进度安排，编制年度（或分期）经费和总经费计划，并作出必要说明。

7.提交成果设计

提交的成果应符合技术标准和满足顾客要求，根据具体成果（或产品），规定其主要技术指标和规格，一般可包括成果（或产品）类型及形式、坐标系统、高程基准、重力基准时间系统、比例尺、分带投影方法、分幅编号及其空间单元、数据基本内容、数据格式、数据精度，以及其他技术指标等。

二、测绘工程技术设计书的主要内容

在测绘工程技术设计实施前，承担设计任务的单位或部门的总工程师或技术负责人负责对测绘工程技术设计进行策划，并对整个设计过程进行控制。必要时，亦可指定相应的技术人员负责。

（一）收集资料

在进行测绘工程技术设计前，需要收集作业区自然地理概况和已有资料情况。根据测绘项目的具体内容和特点，需要说明与测绘作业有关的作业区的自然地理概况，内容包括：

①作业区的地形概况、地貌特征，如道路、水系、植被等要素的分布与主要特征，地形类别、困难类别、海拔高度、相对高差等；

②作业区的气候情况，如气候特征、风雨季节等；

③其他需要说明的作业区情况等，对于收集到的已有资料，需说明其数量、形式、主要质量情况（包括已有资料的主要技术指标和规格等）和评价，说明已有资料利用的可能性和利用方案等。

说明项目设计书编写过程中所引用的标准、规范或其他技术文件。文件一经引用，便构成项目设计书设计内容的一部分。

（二）踏勘调查

为了保证技术设计的可行性和可操作性，需根据项目的具体情况实施踏勘调查，并编写踏勘报告。

踏勘报告应包含以下内容：

①作业区的行政区划、经济水平、踏勘时间、人员组成及分工、踏勘线路

及范围；

②作业区的自然地理情况；

③作业区的交通情况；

④居民的风俗习惯和语言情况；

⑤作业区的资源供应情况；

⑥作业区的测量标志完好情况；

⑦对技术设计方案和作业的建议。

（三）项目设计（总体设计）

项目设计书的编写应包含以下内容。

1.概述

说明项目来源、内容和目标、作业区范围和行政隶属、任务量、完成期限、项目承担单位和成果（或产品）接收单位等。

2.作业区自然地理概况和已有资料情况

（1）作业区自然地理概况

结合测绘项目的具体内容和特点，根据需要说明与测绘作业有关的作业区自然地理概况。

（2）已有资料情况

说明已有资料的数量、形式，主要质量情况（包括已有资料的主要技术指标和规格等）和评价，并说明已有资料利用的可能性和利用方案等。

3.引用文件

说明项目设计书编写过程中所引用的标准、规范或其他技术文件。

4.成果（或产品）主要技术指标和规格

说明成果（或产品）的种类及形式、坐标系统、高程基准、比例尺、分带投影方法、分幅编号及其空间单元、数据基本内容、数据格式、数据精度，以及其他技术指标等。

5.设计方案

软件和硬件配置要求，规定测绘生产过程中的硬、软件配置要求，主要包括：硬件，规定对生产过程所需的主要测绘仪器、数据处理设备、数据存储设备、数据传输网络等设备的要求；其他硬件配置方面的要求，如对于作业测绘，可根据作业区的具体情况，对生产所需的主要交通工具、主要物资、通信联络设备，以及其他必需的装备等的要求；软件，规定对生产过程中主要应用软件的要求。

技术路线及工艺流程，说明项目实施的主要生产过程和这些过程之间输入、输出的接口关系。必要时，应用流程图或其他形式，清晰、准确地规定生产作业的主要过程和接口关系。

技术规定，主要内容包括：规定各专业活动的主要过程、作业方法和技术，质量要求，特殊的技术要求，采用新技术、新方法、新工艺的依据和技术要求。

上交和归档成果（或产品）及其资料内容和要求，分别规定上交和归档的成果（或产品）内容、要求和数量，以及有关文档资料的类型、数量等。主要包括：成果数据，规定数据内容、组织、格式；存储介质，包装形式和标识，及其上交和归档的数量等；文档资料，规定需上交和归档的文档资料的类型（包括技术设计文件、技术总结、质量检查验收报告必要的文档簿、作业过程中形成的重要记录等）和数量等。

6.进度安排和经费预算

（1）进度安排

应对以下内容作出规定：划分作业区的困难类别，根据设计方案，分别计算统计各工序的工作量；根据统计的工作量和计划投入的生产实力，参照有关生产定额，分别列出年度计划和各工序的衔接计划。

（2）经费预算

根据设计方案和进度安排编制年度（或分期）经费和总经费计划，并作出必要说明。

7.附录

内容包括：需进一步说明的技术要求；有关的设计附图、附表。

（四）专业技术设计（分项设计）

专业技术设计书的内容通常包括概述、作业区自然地理概况与已有资料情况、引用文件、成果（或产品）主要技术指标和规格、技术设计方案等内容。

1.概述

主要说明任务的来源、目的、任务量、测区范围和作业内容、行政隶属，以及完成期限等基本情况。

2.作业区自然地理概况与已有资料情况

（1）作业区自然地理概况

应根据不同专业测绘任务的具体内容和特点，根据需要说明与测绘作业有关的作业区自然地理概况。

（2）已有资料情况

主要说明已有资料的数量、形式、主要质量情况（包括已有资料的主要技术指标和规格等），以及评价、说明已有资料利用的可能性和利用方案等。

3.引用文件

说明专业技术设计书编写过程中所引用的标准、规范或其他技术文件，文件一经引用，便构成专业技术设计书设计内容的一部分。

4.成果（或产品）主要技术指标和规格

根据具体成果（或产品），规定其主要技术指标和规格，一般包括成果（或产品）类型及形式、坐标系统、高程基准、时间系统、比例尺、分带投影方法、分幅编号及其空间单元、数据基本内容、数据格式、数据精度，以及其他技术指标等。

5.设计方案

具体内容应根据各专业测绘活动的内容和特点确定。设计方案的内容一般

包括以下几个方面:

①硬件、软件环境及其要求,规定作业所需的测量仪器的类型、数量、精度指标及对仪器校准或检定的要求,规定对作业所需的数据处理、存储传输等设备的要求,规定对专业应用软件的要求和其他软、硬件配置方面需特别规定的要求;

②作业的技术路线或流程;

③各工序的作业方法、技术指标和要求;

④生产过程中的质量控制环节和产品质量检查的主要要求;

⑤数据安全、备份或其他特殊的技术要求;

⑥上交和归档成果及其资料的内容和要求;

⑦有关附录,包括设计附图、附表和其他有关内容。

三、各专业技术设计书的主要内容

根据专业测绘活动内容的不同,专业技术设计书可按大地测量、工程测量、摄影测量与遥感、野外地形数据采集及成图、地图制图和印刷等方面分别设计。

(一)大地测量

1.任务概述
任务概述中应说明任务的来源、目的、任务量、测区范围和行政隶属等基本情况。

2.测区自然地理概况和已有资料情况
(1)测区自然地理概况

根据需要说明与设计方案或作业有关的测区自然地理概况,内容可包括测区地理特征、居民地、交通、气候情况和困难类别等。

（2）已有资料情况

说明已有资料的数量，形式，施测年代，采用的坐标系统，高程和重力基准，资料的主要质量情况和评价，利用的可能性和利用方案等。

3.引用文件

引用文件是指专业技术设计书编写中所引用的标准、规范或其他技术文件。文件一经引用，便构成专业技术设计书设计内容的一部分。

4.主要技术指标

说明作业或成果的坐标系统、高程基准、重力基准、时间系统、分带投影方法、精度、技术等级以及其他主要技术指标等。

5.设计方案

（1）选点、埋石

主要内容包括：确定作业所需的主要装备、工具、材料和其他设施；确定作业的主要过程、各工序作业方法和精度质量要求。

选点：测量线路、标志布设的基本要求，点位选址、重合利用旧点的基本要求，需要联测点的踏勘要求，点名及其编号规定，选址作业中应收集的资料和其他相关要求等。

埋石：测量标志、标石材料的选取要求，石子、沙、混凝土的比例，标石、标志、观测墩的数学精度，埋设的标石、标志及附属设施的规格类型，测量标志的外部整饰要求，埋设过程中需获取的相应资料（地质、水文、照片等）及其他应注意的事项，路线图、点之记绘制要求，测量标志保护及其委托保管要求，其他有关的要求。

（2）平面控制测量

主要内容包括：全球定位系统测量、三角测量和导线测量、高程控制测量、重力测量。

全球定位系统测量内容主要包括：规定接收机或其他测量仪器的类型、数量、精度指标，以及对仪器校准或检定的要求；规定测量和计算所需的专业应用软件和其他配置；规定作业的主要过程、各工序作业方法和精度质量要求；

确定观测网的精度等级和其他技术指标；规定观测作业实施过程的方法和技术要求；规定观测成果记录的内容和要求（外业数据处理的内容和要求），外业成果检查（或检验）、整理、预处理的内容和要求；基线向量解算方案和数据质量检核的要求；上交和归档成果及其资料的内容和要求。

三角测量和导线测量内容主要包括：规定测量仪器的类型，数量、精度指标，以及对仪器校准或检定的要求；规定测量和计算所需的计算机、软件及其他配置等；规定作业的主要过程、各工序作业方法和精度质量要求，说明所确定的锁、网（或导线）的名称、等级、图形、点的密度，已知点的利用和起始控制情况；规定觇标类型和高度，标石的类型；水平角和导线边的测定方法和限差要求；三角点、导线点的高程测量方法、新旧点的联测方案；数据的质量检核、预处理及其他要求；上交和归档成果及其资料的内容和要求。

高程控制测量内容主要包括：规定测量仪器的类型、数量、精度指标，以及对仪器校准或检定的要求；规定测量和计算所需的专业应用软件及其他配置；规定作业的主要过程、各工序作业方法和精度质量要求；规定观测、联测检测及跨越障碍的测量方法，观测的时间、气象条件及其他要求；规定观测记录的方法和成果整饰的要求；说明需要联测的气象站、水文站、验潮站和其他水准点；规定外业成果计算、检核的质量要求；规定成果重测和取舍的要求；必要时，规定成果的平差计算方法、采用软件和高差改正等技术要求。

重力测量内容主要包括：规定测量仪器的类型、数量、精度指标，以及对仪器校准或检定的要求；规定对重力仪的维护注意事项；规定测量和计算所需的专业应用软件和其他配置；规定测量仪器的运载工具及其要求；规定作业的主要过程、各工序作业方法和精度质量要求；其他特殊要求。

（3）大地测量数据处理

内容主要包括：规定计算所需的软、硬件配置及其检验和测试要求；规定数据处理的技术路线或流程；规定各过程作业要求和精度质量要求；其他有关的技术要求。

（二）工程测量

1.任务概述

说明任务来源、用途、测区范围、内容与特点等基本情况。

2.测区自然地理概况和已有资料情况

（1）测区自然地理概况

根据需要说明与设计方案或作业有关的测区自然地理概况，内容可包括测区的地理特征、居民地、交通、气候情况，以及测区困难类别，测区有关工程地质与水文地质的情况等。

（2）已有资料情况

说明已有资料的施测年代，采用的平面基准、高程基准，资料的数量、形式、质量情况评价、利用可能性和利用方案等。

3.引用文件

说明专业技术设计书编写中所引用的标准、规范或其他技术文件。文件一经引用，便构成专业技术设计书设计内容的一部分。

4.成果（或产品）规格和主要技术指标

说明作业或成果的比例尺、平面和高程基准、投影方式、成图方法、成图基本等高距数据精度、格式、基本内容，以及其他主要技术指标等。

5.设计方案

（1）平面和高程控制测量

平面控制测量和高程控制测量设计方案内容参照上文的有关要求执行。

（2）施工测量

施工测量设计方案内容主要包括：规定测量仪器的类型、数量、精度指标，以及对仪器校准或检定的要求；作业所需的专业应用软件及其他配置；规定作业的技术路线和流程；规定作业方法和技术要求，质量控制环节和质量检查的主要要求；上交和归档成果及其资料的内容和要求；有关附录。

（3）竣工测量

竣工测量设计方案内容主要包括：规定测量仪器的类型、数量、精度指标，以及对仪器校准或检定的要求；规定作业所需的应用软件及其他配置；规定作业的技术路线和流程；规定作业方法和技术要求；质量控制环节和质量检查的主要要求；上交和归档成果及其资料的内容和要求。

（4）线路测量

线路测量包括铁路测量、公路测量、管线测量、架空索道和架空送电线路、光缆线路测量等，其设计方案内容主要包括：规定测量仪器的类型、数量、精度指标，以及对仪器校准或检定的要求；规定作业所需的专业应用软件及其他配置；规定作业的技术路线和流程；规定作业方法和技术要求；质量控制环节和质量检查的主要要求；上交和归档成果及其资料的内容和要求。

（5）变形测量

变形测量设计方案内容主要包括：规定测量仪器的类型、数量、精度指标，以及对仪器校准或检定的要求；规定作业所需的专业应用软件及其他配置；规定作业的技术路线和流程；规定作业方法和技术要求；上交和归档成果及其资料的内容和要求。

（三）摄影测量与遥感

1.任务概述

说明任务来源、测区范围、地理位置、行政隶属、成图比例尺、任务量等基本情况。

2.测区自然地理概况和已有资料情况

（1）测区自然地理概况

根据需要说明与设计方案或作业有关的作业区自然地理概况。内容可包括测区地形概况、地貌特征、海拔高度、相对高差地形类别、困难类别和居民地、道路、水系、植被等要素的分布与主要特征，气候、风雨季节及生活条件等情况。

（2）已有资料情况

说明地形图资料采用的平面和高程基准、比例尺、等高距、测制单位和年代等；说明基础控制资料的平面和高程基准、精度及其点位分布；说明航摄资料的航摄单位、摄区代号、摄影时间、摄影机型号、焦距、像幅、像片比例尺，以及航高、底片（像片）质量、扫描分辨率等；说明遥感资料数据的时相、分辨率、波段；说明资料的数量、形式，主要质量情况和评价；说明资料利用的可能性和利用方案等。

3.引用文件

说明专业技术设计书编写中所引用的标准、规范或其他技术文件。文件一经引用，便构成专业技术设计书设计内容的一部分。

4.成果（或产品）规格和主要技术指标

说明作业或成果的比例尺、平面和高程基准、投影方式、成图方法、图幅基本等高距、数据精度、格式、基本内容，以及其他主要技术指标等。

5.设计方案

（1）航空摄影

航空摄影技术设计的要求按《航空摄影技术设计规范》（GB/T 19294—2003）执行。

（2）摄影测量

设计方案内容主要包括：软硬件环境及其要求；规定作业所需的测量仪器的类型、数量、精度指标，以及对仪器校准或检定的要求；规定对作业所需的数据处理、存储与传输等设备的要求；规定对专业应用软件的要求和其他软、硬件配置方面需特别规定的要求；规定作业的技术路线或流程；规定各工序作业要求和质量指标。

控制测量：规定平面和高程控制点的布设方案及其相关的技术要求；规定平面和高程控制测量的施测方法、技术要求、限差规定和精度估算。

调绘：提出室内判绘和实地调绘的方案和技术要求；提出新增地物、地貌，以及云影、阴影地区的补测要求；根据测区地理景观特征，对居民地、地形等要素的特征和主要表示方法提出要求；其他关于地图要素的技术要求。

地名调查：规定确定地名的依据和方法，明确人口稠密和人烟稀少地区地名综合取舍要求，对少数民族地区地名应写明译音规则，对地名中的地方字要有统一的注释等。

碎部点测量：规定碎部点测量及其相关的技术要求。

影像扫描：规定扫描分辨率、色彩模式、数据格式、数据编辑、扫描质量等主要技术要求。

空中三角测量：确定加密方案及其要求，内容包括采用的空三系统、平差方法，检测点的选点规则和数量及其精度指标，技术要求和上交成果要求等。

数据采集和编辑，规定矢量数据的采集方法和编辑要求，包括：数据的分层、编码、属性内容、数据编辑和接边、图幅裁切、图廓整饰等技术和质量的要求；规定数字高程模型的格网间距及格网点的高程中误差、数据格式等技术、质量要求；规定数字正射影像图的分辨率影像数据纠正、镶嵌、裁切、图廓整饰等技术、质量的要求；规定元数据的制作要求；对图历簿（文档簿）的样式作出规定；质量控制环节和质量检查的主要要求；成果上交和归档要求。

（3）遥感

设计方案主要包括以下内容：硬件平台和软件环境；作业的技术路线和工艺流程；规定遥感资料获取、控制和处理的技术和质量要求，可包括遥感资料获取（说明选取遥感资料的基本要求，并说明所获取遥感资料的名称、摄影参数、范围、格式、质量情况等），控制要求（规定控制点选取的方法、点数及其分布和计算的精度要求等），处理要求（规定各工序，如纠正、融合及其他内容等的技术要求，以及影像质量、误差精度要求等；规定遥感图像解译的方法、技术指标，如解译、形态、影像、色调及其整饰、注记的方法和技术要求等）；其他相关的技术、质量要求；质量控制环节和质量检查的主要要求；成果上交和归档要求。

（四）野外地形数据采集及成图

1.任务概述

说明任务来源、测区范围、地理位置、行政隶属、成图比例尺、采集内容、任务量等基本情况。

2.测区自然地理概况和已有资料情况

（1）测区自然地理概况

根据需要说明与设计方案或作业有关的测区自然地理概况，内容可包括测区地理特征、居民地、交通、气候情况和困难类别等。

（2）已有资料情况

说明已有资料的施测年代、采用的平面及高程基准；资料的数量、形式、主要质量情况和评价，利用的可能性和利用方案等。

3.引用文件

说明专业技术设计书编写中所引用的标准、规范或其他技术文件。文件一经引用，便构成专业技术设计书设计内容的一部分。

4.成果（或产品）规格和主要技术指标

说明作业或成果的比例尺、平面和高程基准、投影方式、成图方法等基本内容，以及其他主要技术指标等。

5.设计方案

设计方案内容主要包括：规定测量仪器的类型、数量、精度指标，以及对仪器校准或检定的要求；规定作业所需的专业应用软件及其他配置；规定各类图根点的布设、标志的设置，观测使用的仪器、测量方法和测量限差的要求；规定作业方法和技术要求；质量控制环节和质量检查的要求；其他特殊要求。

（五）地图制图和印刷

1.地图制图

（1）任务概述

说明任务来源、制图范围、行政隶属、地图用途、任务量、完成期限、承担单位等基本情况；对于地图集（册），还应重点说明其要反映的主体内容等；对于电子地图，还应说明软件基本功能及应用目标。

（2）作业区自然地理概况和已有资料情况

作业区自然地理概况：根据需要说明与设计方案或作业有关的作业区自然地理概况。

已有资料情况：说明已有资料采用的平面和高程基准、比例尺、等高距、测制单位和年代；资料的数量、形式；主要质量情况和评价。

（3）引用文件

说明专业技术设计书编写中所引用的标准，规范或其他技术文件。文件一经引用，便构成专业技术设计书设计内容的一部分。

（4）成果（或产品）规格和主要技术指标

说明地图比例尺、投影、分幅、密级、出版形式、坐标系统、高程基准、等高距地图类别和规格、地图性质、精度，以及其他主要技术指标等。

对于地图集（册），还应说明图集的开本及其尺寸、图集（册）的主要结构等内容。

对于电子地图，则应说明其主题内容、制图区域、比例尺、用途、功能、媒体集成程度、数据格式、可视化模型、数据发布方式及可视化模型表现形式等。

（5）设计方案

普通地图和专题地图设计方案，主要内容包括：说明作业所需的软、硬件配置；规定作业的技术路线和流程；规定作业过程、方法和技术要求；质量控制环节和质量检查的主要要求；上交和归档成果及其资料的内容和要求。

其中对作业过程、方法和技术要求的规定有：地图扫描处理（规定地图扫描分辨率、色彩模式数据格式、纠正方法、数据编辑的主要内容、色彩处理等作业方法和质量要求等）；数学基础（规定地图的数学基础及其作业方法和技术要求）、数据采集与编辑处理，如规定地图表示的数据内容，采集方法要求，表示关系的处理原则，数据接边以及数据编辑处理的其他要求等；规定地图的图面配置、图廓整饰、图幅裁切等技术质量要求；规定地图各要素符号、注记等的表示要求；规定地图数据的色彩表示、输出分版（或分色）、排版式样、输出材料，以及印刷原图的制作要求；规定地图集（册）的详细结构、内容安排、排版样式。

电子地图设计方案。主要内容包括：制作电子地图以及多媒体制作与浏览所需的各种软、硬件配置要求；电子地图制作的技术路线和主要流程；电子地图制作的主要内容、方法和要求；上交和归档成果及其资料的内容和要求。

其中对电子地图制作的主要内容、方法和要求的规定有：规定空间信息可视化对象的基本属性内容；规定多媒体可视化表现形式和对媒体数据的要求；规定对地图符号系统设计和地图层次结构（由主题信息内容、主题相关信息和背景信息内容等组成）设计表现手段和要求；规定电子地图系统设计的主要内容，包括主题内容、表现形式、软件功能及应用目标；规定电子地图空间信息可视化的表现手段与基本形式；规定电子地图空间信息的流程结构和组织方式；规定电子地图的界面结构和交互方式。

2.地图印刷

（1）任务概述

说明任务来源、性质、用途、任务量、完成期限等基本情况。

（2）印刷原图情况

说明印刷原图的种类、形式、分版情况、制作单位精度和质量情况，并对存在的问题提出处理意见，说明其他有关资料的数量形式、质量情况和利用方案等。

（3）引用文件

说明专业技术设计书编写中所引用的标准、规范或其他技术文件。文件一经引用，便构成专业技术设计书设计内容的一部分。

（4）主要质量指标

说明印刷的精度和印色、印刷的主要材料（如纸张、胶片、版材等）、装帧方法，以及成品的主要质量、数量情况等。

（5）设计方案

确定印刷作业的主要工序和流程（必要时应绘制流程图）；规定所需工序作业的技术和质量要求，包括拼版的方法和要求；规定制版作业的方法，材料技术和质量要求；规定修版的方法、内容和要求；规定打样的种类、数量和质量要求；规定印刷设备、纸张类型、印色、印序和印数、印刷精度和墨色等要求；规定装帧的方法、技术要求、采用的材料，以及清样本的制作方法。

四、测绘工程技术设计评审、验证和审批

（一）测绘工程技术设计评审

在测绘工程技术设计的适当阶段，应对技术设计文件进行评审，以确保达到规定的设计目标。设计评审应确定评审依据、评审目的、评审内容、评审方式及评审人员等，其主要内容和要求有：设计输入的内容；评价技术设计文件满足要求（主要是设计输入要求）的能力；送审的技术设计文件或设计更改内容；根据评审的具体内容确定评审方式；确定评审人员。

（二）测绘工程技术设计验证

为确保技术设计文件满足输入的要求，必要时应对技术设计文件进行验证。根据技术设计文件的具体内容，设计验证的方法，具体包括：

①将设计输入要求和相应的评审报告与其对应的输出进行比较验证；

②试验、模拟或试用，根据其结果验证输出是否符合输入的要求；

③对照类似的测绘成果（或产品）进行验证；

④变换方法进行验证，如采用可替换的计算方法等；

⑤其他适用的验证方法。

（三）测绘工程技术设计审批

为确保测绘成果（或产品）满足规定的使用要求或已知的预期用途的要求，应对技术设计文件进行审批；设计审批的依据主要包括设计输入内容、设计评审和验证报告等。

技术设计文件报批之前，承担测绘任务的法人单位必须对其进行全面审核，并在技术设计文件和（或）产品样品上签署意见并签名（或章）。技术设计文件经审核签字后，一式二至四份报测绘任务的委托单位审批。

第四章　测绘工程质量控制

第一节　质量简介

质量是一个企业的生命，同时，质量也是质量管理内容中一个最基本、最重要的概念。为此，首先应该弄清质量及其有关的一些术语。

一、质量及质量管理体系

（一）质量

质量是指客体的一组固有特性满足需求或期望的程度。

（二）质量管理体系

质量管理体系是在质量方面指挥和控制组织的管理体系。

二、质量策划和质量控制

（一）质量策划

质量策划是质量管理的一部分，致力于制定质量目标并规定必要的运行过程和相关资源以实现质量目标。编制质量计划是质量策划的一部分。

理解要点：

①质量活动是从质量策划开始的，质量策划包括确定质量目标，为实现质量目标而确定所需的资源和需要经历的过程；

②质量策划是组织的持续性活动，要求组织进行质量策划并确保质量策划在受控状态下进行；

③质量策划是一系列活动（或过程），质量计划是质量策划的结果之一，质量策划、质量控制、质量改进是质量管理大师朱兰（J. M. Juran）提出的质量管理的三个阶段。

（二）质量控制

质量控制是质量管理的一部分，致力于满足质量要求。

理解要点：

①质量控制的目标是确保产品、过程或体系的固有特性达到规定的要求；

②质量控制的范围应涉及与产品质量有关的全部过程，以及影响质量的人、机、料、法、环、测等因素。

三、质量改进和质量保证

（一）质量改进

质量改进是质量管理的一部分，致力于增强满足质量要求的能力。要求可以是有关任何方面的，如有效性、效率或可追溯性。

理解要点：

①影响质量要求的因素会涉及组织的各个方面，在各个阶段、环节、层次均有改进机会，因此管理者应发动全体成员，并鼓励他们参与改进活动；

②改进的重点是提高满足质量要求的能力。

（二）质量保证

质量保证是质量管理的一部分，指为使人们确信某一产品、过程或服务的质量所采取的全部有计划、有组织的活动。

理解要点：

①质量保证的核心在于提供足够的信任使相关人员（包括顾客、管理者和最终消费者等）确信组织的产品能满足规定的质量要求；

②组织应建立、实施、保持和改进其质量管理体系，以确保产品符合质量要求；

③提供必要的证据，证实建立的质量管理体系满足规定的要求，使顾客或其他相关方相信，组织有能力提供满足规定要求的产品，或已提供了符合规定要求的产品。

质量保证也可以说是为了表明实体能够满足质量要求，而在质量体系中实施并根据需要进行证实的全部有计划和系统性的活动。

质量保证就是按照一定的标准生产产品的承诺和规范。由国家质量技术监督局提供产品质量技术标准，即生产配方、成分组成、包装及包装容量多少、运输及贮存中注意的问题，以及产品要注明生产日期、厂家名称、地址等，经国家质量技术监督局批准这个标准后，公司才能生产产品。国家质量技术监督局会按这个标准检测生产出来的产品是否符合要求。

通过以上分析可知，质量保证一般适用于有合同的场合，其主要目的是使用户确信产品或服务能满足规定的质量要求。

第二节 质量管理体系的建立、实施及认证

质量管理体系是企业内部建立的、为保证产品质量或质量目标所必需的、系统的质量活动。它是根据企业特点选用若干体系要素加以组合，旨在加强从设计研制、生产检验到销售使用等环节的质量管理，并使之制度化、标准化，成为企业内部质量管理工作的要求和活动程序。

客观地说，任何一个企业都有其自身的质量管理体系，或者说都存在质量管理体系，然而企业传统的质量管理体系能否适应市场经济及全球化的要求，却是一个未知数。因此，企业建立一个国际通行的质量管理体系并通过认证，是提升企业质量管理水平、增强自身竞争力的第一步。

一、质量管理体系的建立

质量管理体系的建立所包含的内容很多，概括来说，主要包括以下几个方面。

（一）质量方针和质量目标的确定

根据企业的发展方向、组织的宗旨，确定与之相适应的质量方针，并作出质量承诺。在质量方针提供的质量目标框架内，明确规定组织以及相关职能部门的质量目标，质量目标应当是可测量的。

（二）质量管理体系的策划

组织依据质量方针和质量目标，应用各种方法对组织应建立的质量管理体

系进行策划。在质量管理体系策划的基础上，还应进一步对产品实现过程和相关过程进行策划。

（三）企业人员职责与权限的确定

组织依据质量管理体系以及产品实现过程等策划的结果，确定各部门、各生产过程及其他与质量有关的人员所应承担的职责，并赋予其相应的权限，确保其职责和权限相协调。

二、质量管理体系的实施

（一）质量管理体系文件的编制

组织应依据质量管理体系策划以及其他策划的结果确定管理体系文件的框架和内容，在质量管理体系文件的框架内，明确文件的层、结构、类型及数量等，并规定统一的文件格式。

（二）质量管理体系文件的学习

在质量管理体系文件正式发布前，认真学习质量管理体系文件，对质量管理体系的实施有着重要作用。只有企业各部门、各级人员清楚地了解质量管理体系文件对本部门、本岗位的要求，以及对其他部门、岗位的要求，才能确保质量管理体系在整个组织内有效实施。

（三）质量管理体系的运行

质量管理体系文件的签署，意味着企业所规定的质量管理体系正式开始实施。质量管理体系运行主要体现在两个方面：一是组织所有质量活动都依据质量管理体系文件的要求进行；二是组织所有质量活动都在提供证据，以证实质量管理体系的运行符合要求并得到有效实施。

（四）质量管理体系的内部审核

质量管理体系的内部审核是组织自我评价、自我完善的一种重要手段。企业通常在质量管理体系运行一段时间后，组织内审人员对质量管理体系进行内部审核，以确保质量管理体系的适用性和有效性。

（五）质量管理体系的评审

在内部审核的基础上，组织的最高管理者应就质量方针、质量目标，对质量管理体系进行系统评审，一般也称为管理评审。其目的是确保质量管理体系的适用性、有效性。通过内部审核和管理评审，在确认质量管理体系的运行符合要求并且有效的基础上，组织可向质量管理体系认证机构提出认证申请。

三、质量管理体系的认证

（一）质量管理体系认证的原则

质量管理体系认证是指依据质量管理体系标准，经认证机构评审，并通过质量管理体系注册或颁发证书，来证明某企业或组织的质量管理体系符合相应质量管理体系标准的活动。

质量管理体系认证的过程是：认证机构依据公开发布的质量管理体系标准和补充文件，遵照相应认证制度的要求，对申请方的质量管理体系进行评价，合格的由认证机构颁发质量管理体系认证证书，并实施监督管理。

质量管理体系认证应遵循的原则有以下几个。

1.自愿申请原则

质量管理体系认证的最终目的是提高企业的产品质量和市场竞争力，质量管理体系的有效运行是促进企业不断完善质量管理体系的根本保障。除强制性的认证及特殊领域质量体系的认证外，质量管理体系认证坚持自愿申请的原则，但企业在认证机构颁发认证证书和标志后，应接受其严格的监督管理。

2.公平竞争原则

质量管理体系认证应积极采用国际标准，消除贸易技术壁垒。贸易技术壁垒是指各个国家或地区制定或实施了不恰当的技术法规、标准、合格评定程序等，给国际贸易造成的障碍。只有消除不必要的技术壁垒，才能达到质量管理体系认证的另一目的——促进市场公平、公开和公正地进行质量竞争。

3.公开透明原则

质量管理体系认证工作由具有法人地位的第三方认证机构承担，并接受相应的监督管理，依靠其公正、科学和有效的认证服务获得权威和信誉。认证的规则、程序、内容和方法均应公开透明，以避免认证机构之间的不正当竞争。

（二）质量管理体系认证的程序

质量管理体系认证的实施程序如下。

1.提出申请

申请单位向认证机构提出书面申请。

经审查，符合规定的申请要求，则接受申请，由认证机构向申请单位发出接受申请通知书，并通知申请方下一步与认证有关的工作安排，预交认证费用。若经审查不符合规定的要求，那么认证机构应及时与申请单位联系，要求申请单位作必要的补充或修改，符合规定后再发出接受申请通知书。

2.认证机构进行审核

认证机构对申请单位的质量管理体系审核是质量管理体系认证的关键环节，其基本工作程序如下：

①文件审核；

②现场审核；

③提出审核报告。

3.获准认证后的监督管理

认证机构对获准认证(有效期为 3 年)的供方质量管理体系实施监督管理。这些管理工作包括供方通报、监督检查、认证注销、认证暂停、认证撤销,以及认证有效期的延长等。

第三节　影响测绘工程质量的因素及加强质量控制的措施

一、影响测绘工程质量的因素

(一)参与人员

参与测绘工程的人员既是测绘工程质量控制的主体,也是质量控制的核心。在测绘工程中,要综合考虑人的因素。参与测绘工程人员的水平直接关系到测绘质量的高低,是影响测绘工程质量的关键因素。

(二)测量仪器

测量仪器设备是测绘工程质量管理的重要保障,由于测绘工程是在室外进行的,受自然条件、气候条件等因素的影响,所以维护好测量仪器非常重要。正确使用、科学保养仪器是保障测绘工程质量、提高工作效率、延长仪器使用年限的重要条件,也是每个测量工作人员必须掌握的基本技能。为此,相关工作人员必须正确使用仪器,了解其基本构造和操作方法,加强仪器的维护和保养工作。仪器设备的配置应结合工程的具体情况,尽可能配备先进的测量设备,提高测绘工程的自动化程度，降低测绘人员的劳动强度，保证测绘成果。

（三）测绘方法

在测绘作业中，必须通过合理的施测方案、正确的操作方式来确保工程的质量。同时，也可推行新工艺、新技术、新材料，提高测绘作业的技术水平，以确保测绘工程产品质量的稳定性。测绘工程项目由地形要素测量、控制测量、内业图形编辑、权属调查、编制各类表格、验收检查等多个环节组成，而每个环节的工作质量都会影响最终结果。为了满足用户对测绘产品的要求，必须根据测绘项目的特征来制定作业方法，并且要确保制定的作业方法切实可行。

（四）作业环境

在测绘工程中，涉及的生产环境包括技术环境、作业环境和生产管理环境。当这些环境发生变化时，会给测绘工程造成一定程度的影响，影响最终的测绘质量。因此，在测绘工程施工过程中，一定要做好环境管理工作，优化测绘工作条件，从多个方面出发，避免环境对测绘质量造成的影响。

（五）测量误差

测量主要是指采用专业的测量仪器，应用规范化的测量方法，针对测量目标的长度、面积、体积、高度或者位移等因素进行严格的测量，获得所需要的数据。在工程项目的实施过程中也会有具体的测量过程，其主要就是针对工程项目实施过程中涉及的一些工程目标相关数据的测量，对于测绘工程来说，其重要性不言而喻，尤其是要加强对测量准确性的控制。测量的准确性直接决定着工程项目的实施状况，但是当前却因为各种各样的原因导致测量中存在较多的测量误差，有些测量误差是在允许范围内的，但是有些测量误差是会对测绘工程质量产生重要影响的，这就需要我们针对测量误差加强控制，尽可能减少测量误差，避免对测绘工程质量造成影响。

（六）质量控制方案和细则

测绘工程质量控制方案和质量控制细则是测绘工程质量控制的基础性、指导性、纲领性和实施性文件，其文件制定的指导性、针对性和可操作性直接关乎测绘质量。虽然有了切实可行的质量控制方案，但如果不制定质量控制细则或制定的细则工序特点不突出，质量评定方法不准确、检测手段不规范、检验方式不精细，那么也不能达到质量控制的目的。

二、加强测绘工程质量控制的措施

（一）参与人员方面

首先，合理设置岗位，合理分配人员；其次，测绘企业要建立以质量为中心的技术经济责任制，明确各部门、各岗位的职责，科学合理地制定考核办法，有效保障测绘产品的质量；再次，将绩效管理的手段引入测绘工程的人员管理工作中，运用先进的管理手段，控制与掌握组织系统运行的效率和结果，进而实现测绘工程质量目标；最后，加强业务培训，紧跟测绘技术发展潮流，努力提高测绘工作人员的业务水平。

（二）测量仪器方面

测绘仪器设备的型号、性能、数量在测绘工程质量控制中起着关键作用，在测绘作业中要充分考虑仪器设备因素，加强测绘设备的养护工作。首先，及时更新测绘仪器设备，要想保证测绘工作高效进行，必须根据现实情况及时对测绘仪器设备进行调整和更新；其次，在使用仪器设备测量前，要熟读设备使用说明书，严格按照使用说明书进行操作，以防出现错误使用带来的设备损耗问题；最后，在设备使用完成后，要及时进行设备保养，自觉保护仪器设备，延长仪器设备的使用寿命，提高其使用率。

（三）测绘方法方面

1.建立健全的测绘质量管理体系

制定质量方针，明确质量目标及工作职责，借助测绘质量管理体系中的质量策划、质量控制、质量保证及质量改进等实现测绘工程的质量控制。详细阐明相关测绘单位的实际管理要求、专项工作要求，以及管理机构的具体工作要求；制定的相关质量管理制度应满足项目的实际需要，并符合相关法律法规及政策性文件的要求。

2.制定测绘现场组织管理制度

测绘质量控制的关键在于现场，"重视现场"已成为测绘单位及所有施工人员的共识。测绘单位管理层的现场调度管理水平直接影响着测绘工程施工质量以及工程进度目标的实现。因此，测绘现场负责人在制定组织管理制度的时候要掌控全局、强调细节，充分考虑测绘工程的特点、责任人、工期要求、质量目标等因素。

3.科学编写技术性方案

科学编写技术性方案的目的是确保测绘成果的质量，也是针对相应组织生产期间具体的技术性问题，确定具体目标、具体任务、具体方法、具体步骤及质量控制的要求。

（四）环境因素方面

环境因素是指测区的自然环境、项目管理环境、劳动环境等。在实际测绘中，环境因素对测绘质量的影响不容忽视。对环境因素的控制是与现场生产组织管理密切相关的，要注意生产实施方案中是否考虑到了环境因素对测绘质量的影响。

（五）质量控制方案和细则方面

1.合理编制质量控制计划方案

从专业角度出发，质量控制计划方案是指导质量控制管理工作的指导性文件。质量控制计划方案的具体内容主要包括工作范围、具体依据、实际内容、最终目标、详细程序、组织机构，以及相关工作人员的配备情况、具体工作方法、工作管理制度等。

2.编制质量管理细则

在编制质量控制计划方案的基础上，还要根据测绘项目的实际特点以及工程信息等制定质量管理细则。要确保所编制的质量管理细则具有具体、详细，以及针对性和可操作性强等特点。质量管理细则编制完成后，质检人员应明确告知测绘生产人员或测绘生产单位质量控制检查的具体要求、内容、时间和方式。测绘生产人员或测绘生产单位也应提前通知质检人员，让质检人员在约定的时间内，按质量管理细则规定的方法和手段对应检查的内容进行质量检查。

第四节　测绘工程质量管理

一、测绘工程质量管理的特点及方针

（一）测绘工程质量管理的特点

测绘工程与工业生产有显著的不同，测绘工程工艺要求高，类型复杂，质量要求不同，操作方法不一。特别是露天生产，受天气等自然条件的因素影响大，生产具有周期性。所有这些特点，导致了测绘工程质量管理难度较大。具体表现在以下方面。

第一，制约测绘工程质量的因素多、涉及面广。测绘工程项目具有周期性，很多人为因素和自然因素都会影响测绘工程质量。

第二，生产质量的离散度和波动性大，测绘工程质量变异性强。测绘项目涉及面广、参与人员素质参差不齐，且一般具有不可重复性，测绘工程参与个体稍不注意，即有可能出现质量问题，特别是关键位置的测绘质量，将直接影响整体工程的质量。

第三，质量隐蔽性强。测绘工程大部分只能在工程完工后才能发现质量问题，因此在测绘生产过程中必须加强现场管理，以便及时发现测绘质量问题。

总之，在测绘工程质量管理中，应一丝不苟、严加控制，使质量管理贯穿测绘生产的全过程，对测绘工程量大、面广的工程，更应该注意。

（二）测绘工程质量管理的方针

质量管理是为达到质量要求所采取的作业技术和活动，其目的是在质量形成过程中控制各个过程和工序，贯彻以预防为主的方针，并采取行之有效的技术措施，达到规定的要求，提高经济效益。测绘工程在国家现代化建设中占有重要地位，而测绘工程质量管理是确保测绘质量的有效方法。

二、测绘工程质量管理的要求和内容

（一）测绘工程质量管理的要求

①坚持以预防为主，重点进行事前控制，防患于未然，把质量问题消除在萌芽状态；

②既应坚持质量标准，严格检查，又应热情提供帮助；

③应根据实际需要，结合测绘工程特点、测绘单位的能力和管理水平等因

素，事先提出质量检查要求大纲，并将其作为合同条款的组成内容，在测绘合同中予以明确规定；

④在处理质量问题的过程中，应尊重事实，尊重科学，立场公正，谦虚谨慎，以理服人，做好协调工作。

（二）测绘工程质量管理的内容

1.测绘人员管理

人员的素质高低直接影响产品质量的优劣。测绘工程质量管理的重要任务之一就是推动测绘生产单位对参加测绘生产的各层次人员，特别是专业人员进行培训。在物质分配上应注重公正、合理，并运用各种激励措施，调动广大人员的积极性，不断提高人员的素质，使质量管理系统有效地运行。

在测绘人员管理方面，应主要抓三个环节。

（1）人员培训

人员培训包括对领导者、测量技术人员、队（组）长、操作者的培训。培训重点包括关键测量工艺和新技术、新工艺的实施，以及新的测量规范、测量技术操作规程的学习等。

（2）资格评定

应对特殊作业、工序、操作人员进行考核和必要的考试、评审，如对其技能进行评定，颁发相应的资格证书或证明，坚持持证上岗等。

（3）调动积极性

健全岗位责任制，改善劳动条件，建立合理的分配制度，坚持人尽其才、扬长避短的原则，以充分发挥工作人员的积极性。

2.测绘生产组织设计管理

测绘生产组织设计包括两个层次：一是测绘项目比较复杂，需要编制测绘生产组织总规划，就质量管理而言，需要提出项目的质量目标以及保证重点工程质量的方法与手段等；二是工程测绘生产组织设计，目前，测绘单位对此普遍重视。

3.测绘仪器管理

（1）测绘仪器的选型要"因工程制宜"

应按照技术先进、经济合理、使用方便、性能可靠、使用安全、操作和维修方便等原则选择相应的仪器设备。例如，在工程测量方面，应着重对电磁波测距仪、经纬仪、水准仪，以及相应配套附件进行选型；在平面定位方面，一般选用性能良好、操作方便的电子全站仪和全球定位系统仪器；在高程传递方面，一般选择水准仪或用三角高程方法的电子全站仪；在保证垂直度方面，一般选择激光铅直仪、激光扫平仪；在变形监测方面，应选择相应的水平位移及沉陷观测遥测系统；等等。任何产品都必须有准产证、性能技术指标及使用说明书。一般应立足国内，当然也不排除选择国外的合格产品。随着测绘技术的发展，自动化观测系统日益受到重视。

（2）仪器设备的主要技术参数要有保证

技术参数是选择机型的重要依据。例如，就工程测量而言，应首先根据合理的限差要求，按照事先设计的施工测量方法和方案，结合场地的具体条件，按精度要求确定好相应的技术参数。在综合考虑价格、操作方便的前提下，确定好相应的测量设备。如果发现某些测量仪器在施工期间有质量问题，那么必须按规定进行检验、校正或维修。

4.施工测量控制网和施工测量放样管理

施工测量的基本任务是按规定的精度和方法，将建筑物、构造物的平面位置和高程位置放样（或称测设）到实地。因此，施工测量的质量将直接影响工程的综合质量和工程进度。此外，工程建成后，在进行管理、维修与扩建之前，应进行竣工测量和质量验收。为测定建筑物及其地基在建筑荷载及外力作用下随时间变化的情况，还应进行变形观测。在这里，主要介绍在施工测量工作中，对测量质量的监控内容。

（1）施工测量控制网

为保证施工放样的精度，应在建筑物场地建立施工控制网。施工控制网分为平面控制网和高程控制网。施工控制网的布设应根据设计总平面图和建筑物场地的地形条件确定。对于丘陵地区，一般用三角测量或三边测量方法建立施工控制网。对于地面平坦但通视比较困难的地区，比如在扩建或改建的工业场地，则可采用导线网或建筑方格网的方法。在特殊情况下，根据需要也可布置一条或几条建筑轴线，组成简单的图形作为施工测量的控制网。现在已经用全球定位系统建立平面测量控制网。无论何种施工控制网，在应用它进行实际放样前，必须对其进行复测，以确认点位和测量成果的一致性。

（2）工业与民用建筑施工放样

工业与民用建筑施工放样，应从设计总平面图中查得拟建建筑物与控制点间的关系尺寸及室内地平标高数据，取得放样数据和确定放样方法。平面位置检核放样方法一般有直角坐标法、极坐标法、角度交会法、距离交会法等，高程位置检核放样方法主要是水准测量法。

放样内容要点如下：

①房屋定位测量，基础施工测量，楼层轴线投测以及楼层之间高程传递；

②在高层楼房进行测量时，特别要严格控制垂直方向的偏差，使之达到设计要求；

③可以用激光铅直仪或传递建筑轴线的方法加以控制。

（3）高层建筑施工测量

随着我国社会主义现代化建设的发展，像电视发射塔、高楼大厦、工业烟囱、高大水塔等高耸建筑物不断出现。这类工程的特点是基础面小、主体高，施工时必须严格控制中心的位置，确保主体建筑物竖直垂准。对这类建筑物进行施工测量工作的主要内容如下：

①建筑场地测量控制网（一般有田字形、圆形及辐射形控制网）；

②中心位置放样；

③基础施工放样；

④主体结构平面及高程位置的控制；

⑤主体建筑物竖直垂准质量的检查；

⑥施工过程中外界因素（主要指日照）引起变形的测量检查。

（4）线路工程施工测量

线路工程包括铁路、公路、河道、输电线、管道等，施工测量复核工作大同小异，归纳起来有以下几项：

①中线测量，主要内容有起点、转点、终点位置的检核；

②纵向坡度及中间转点高度的测量；

③地下管线、架空管线及多种管线汇合处的竣工检核等。

三、测绘工程质量监督检查与贯标

（一）测绘工程质量监督检查

1.测绘工程质量监督检查的内容和工作流程

（1）测绘工程质量监督检查的内容

测绘工程质量监督检查是对资质单位已完成项目的抽样检查，一般抽取测绘资质单位近两年已完成经本单位二级检查、合同履行完毕的项目。检查主要包括非成果类和成果类检查两项内容。按照新颁布实施的《测绘法》《测绘资质管理规定》《测绘资质分级标准》及《测绘成果管理条例》等有关规定，非成果类检查主要检查机构质量管理体系运行与执行情况，包含以下几个方面：

①单位资质合法性；

②机构组织及人员资格情况；

③办公场所情况；

④仪器设备管理情况；

⑤测绘标准执行情况；

⑥测绘成果资料档案管理情况；

⑦年度注册及报告情况。

成果类检查主要内容：

①项目技术文件的完整性和符合性；

②项目中使用仪器设备等的检定情况及其精度指标与项目设计文件的符合性；

③引用起始成果、资料的合法性、正确性和可靠性；

④相应测绘成果各项质量指标的符合性，包括数学精度、地理精度、观测质量、计算质量、点位质量、整饰质量等；

⑤成果资料的完整性和规范性，通过对全省测绘地理信息成果质量进行监督检查，可以全面了解和掌握全省测绘地理信息成果质量现状，及时发现存在的问题和不足，进一步落实质量责任。

（2）测绘工程质量监督检查的工作流程

测绘工程质量监督检查作为测绘地理信息行政管理部门年度例行工作，可按照相应的流程开展工作。主要包括：

①制定监督检查实施方案；

②组建质检专家组；

③进驻现场检查；

④检查情况评分与判定；

⑤统计分析；

⑥编制监督检查报告；

⑦检查结果公示。

进驻现场后主要按首次会议—非成果类质量管理体系运行与执行情况检查和成果类符合性检查—项目抽样后内、外业检查—检查后情况汇总—末次会议这个流程进行。

2.测绘工程质量监督检查的改进策略

（1）测绘行政主管部门

第一，完善测绘法规建设。完善测绘成果质量监督管理办法。法规建设是依法行政的基础和依据，加强测绘质量的统一监管，必须首先要建立健全测绘法规制度。

第二，完善检验标准体系建设。尽快制定并完善针对新兴测绘产品检查验收的国家标准，尤其要加快出台关于质量管理体系运行与执行方面的可实施的检查规范或标准，以便在实际监督检查工作中遵照执行，做到监督检查工作结果评分有理有据。

第三，加强监管技术力量建设及质量检查力度。为保障测绘成果质量，应当全面扩大对测绘资质单位质量监督管理范围。应采用双随机模式，根据测绘资质单位的申请，开展测绘质量监督检查工作。建议从人力、物力、财力等方面大力支持监管技术力量建设，并加大测绘成果质量抽检频率，确保 2～3 年省内每个资质单位至少被抽查一次，并将质量监督检查结果作为资质单位年度注册的主要参考依据，从而有效规范测绘行为，提高测绘质量。

第四，建立健全测绘单位信用体系。为保障测绘单位依法从事测绘生产，并营造遵纪守法、诚实守信、公平竞争的经营环境，应加快建立测绘单位信用征信系统，将监督检查结果作为评价测绘资质单位信用的数据来源。征信系统与资质升降级、业务范围增减、项目评奖、招投标资格挂钩，使测绘资质单位重视监督检查，达到"无资质者不入门""无信用者无市场"的效果，进一步促进测绘行业的健康发展。

（2）测绘行业单位内部

第一，强化质量意识。质量意识的强弱对质量行为有着极其重要的影响。相关工作人员在生产过程中，应严格遵守以质量为中心的工作原则，严格执行测绘规范标准，确保每个环节都达到质量要求，从而有效保障测绘成果质量。

第二，建立健全质量管理制度。质量管理制度主要包括奖惩制度、合同评审制度、技术设计审批制度、生产过程技术质量管理制度、两级检查制度、仪器设备管理制度、上岗证管理制度、质量记录管理制度等。应建立健全质量管理制度，并确保其有效运行。

第三，建立健全质检机构，配齐质检人员，明确工作职责。依据《测绘资质管理规定》及《测绘资质分级标准》，不同资质等级的测绘单位应当建立健全相应的质检机构，配齐质检人员，进一步明确工作职责，充分发挥质检人员在产品生产过程中的监督检查作用；制定相应的责任制度和监控制度，保证质检工作落到实处，责任落实到人。

第四，重视质量管理制度学习及测绘技术培训。测绘资质单位应结合自身特点，采取多种形式组织全体职工开展质量管理制度学习活动，并及时进行技术、业务培训。尤其要加强对一线生产人员业务知识和操作技能的培训，包括测绘仪器及软件操作、专业理论知识的学习，以及测绘标准规范学习等，不断提高生产人员的工作效率和工作质量。

（二）贯标

1.贯标的概念

贯标是指贯彻《质量管理体系 要求》(GB/T 19001—2016/ISO 9001：2015)，其核心思想是以顾客为焦点，以顾客满意为唯一标准，通过发挥领导的作用，全员参与，运用过程方法和系统方法，持续改进工作的一项活动。加强贯标工作，是企业规避质量风险、品牌风险、市场风险的基础工作。

2.贯标注意事项

测绘生产单位只有切实、有效地按照《质量管理体系 要求》建立质量管理体系并持续运行，才能通过贯标活动改进内部管理质量。在贯标过程中要抓好以下环节：

①统一思想认识，尤其是领导层，要形成"言必信，行必果"的工作作风；

②党政工团组织发挥作用，协同工作，使全体人员形成浓厚的质量意识；

③使每个人员明确其质量职责；

④规定相应的奖惩制度；

⑤协调内部质量工作，明确规定信息渠道。

第五章　实践案例一：城镇道路
设计及施工

第一节　城镇道路工程结构与材料

一、城镇道路分级及道路路面分类

（一）城镇道路分级

城镇道路有多种分类方法，我国现行《城市道路工程设计规范》（CJJ 37—2012）规定，城市道路应按道路在道路网中的地位、交通功能以及对沿线的服务功能等，分为快速路、主干路、次干路和支路四个等级，并应符合下列规定：

①快速路应中央分隔、全部控制出入、控制出入口间距及形式，应实现交通连续通行，单向设置不应少于两条车道，并应设有配套的交通安全与管理设施，快速路两侧不应设置吸引大量车流、人流的公共建筑物的出入口；

②主干路应连接城市各主要分区，应以交通功能为主，主干路两侧不宜设置吸引大量车流、人流的公共建筑物的出入口；

③次干路应与主干路结合，组成干路网，应以集散交通的功能为主，兼有服务功能；

④支路宜与次干路和居住区、工业区、交通设施等内部道路相连接，应解决局部地区交通问题，以服务功能为主。

（二）城镇道路路面分类

1.按结构强度分类

（1）高级路面

路面强度高、刚度大、稳定性好是高级路面的特点。它使用年限长，适应繁重的交通量，且路面平整、车速高、运输成本低，建设投资高，养护费用少，适用于城市快速路、主干路、公交专用道路。

（2）次高级路面

路面强度、刚度、稳定性、使用寿命、车辆行驶速度、适应交通量等均低于高级路面，但是维修、养护、运输费用较高，城市次干路、支路适用次高级路面。

2.按力学特性分类

（1）柔性路面

荷载作用下产生的弯沉变形较大、抗弯强度小，在反复荷载作用下会产生累积变形，它的破坏取决于极限垂直变形和弯拉应变。柔性路面的主要代表是各种沥青类路面，包括沥青混凝土（英国标准称压实后的混合料为混凝土）面层、沥青碎石面层、沥青贯入式碎（砾）石面层等。

（2）刚性路面

行车荷载作用下产生板体作用，抗弯拉强度大，弯沉变形很小，呈现出较大的刚性。刚性路面的主要代表是水泥混凝土路面，包括接缝处设传力杆、不设传力杆及设补强钢筋网的水泥混凝土路面。

二、沥青路面

（一）结构组成

1.结构组成原则

城镇沥青路面结构由面层、基层和路基组成，层间结合必须紧密稳定，以保证结构的整体性和应力传递的连续性。大部分道路结构组成都是多层次的，但层数不宜过多。

行车载荷和自然因素对路面的影响随深度的增加而逐渐减弱；对路面材料的强度、刚度和稳定性的要求也随深度的增加而逐渐降低。因此，通常按使用要求、受力状况、土基支撑条件和自然因素影响程度的不同，在路基顶面采用不同规格和要求的材料分别铺设基层和面层等结构层。

面层、基层的结构类型及厚度应与交通量相适应。交通量大、轴载重时，应采用高等级面层与强度较高的结合料稳定类材料基层。

基层的结构类型可分为柔性基层、半刚性基层；在半刚性基层上铺筑面层时，城市主干路、快速路应适当加厚面层或采取其他措施以减轻反射裂缝。

2.路基与填料

（1）路基分类

按材料分，路基可分为土方路基、石方路基、特殊土路基。

按路基断面形式分，可分为路堤——路基顶面高于原地面的填方路基；路堑——全部由地面开挖出的路基（又分重路堑、半路堑、半山峒三种形式）；半填、半挖——横断面一侧为挖方，另一侧为填方的路基。

（2）路基填料

高液限黏土、高液限粉土及含有机质细粒土，不适合用作路基填料。因条件限制而必须采用上述土作填料时，应掺加石灰或水泥等结合料进行改善。

地下水位高时，宜提高路基顶面标高。在设计标高受限制，未能达到中湿状态的路基临界高度时，应选用粗粒土、低剂量石灰或水泥稳定细粒土作路基填料。同时，应采取在边沟下设置排水渗沟等方式降低地下水位。

岩石或填石路基顶面应铺设整平层。其厚度视路基顶面不平整程度而定，一般为 100～150 mm。

3.基层与材料

（1）基层类型

基层是路面结构中的承重层，主要承受车辆荷载的竖向力，并把面层下传的应力扩散到土基。基层可分为上基层和底基层，各类基层结构性能、施工或排水要求不同，厚度也不同。

应根据道路交通等级和路基抗冲刷能力来选择基层材料。湿润和多雨地区宜采用排水基层。未设垫层，且路基填料为细粒土、黏土质砂或级配不良砂（承受特重或重交通），或者为细粒土（承受中等交通）时，应设置底基层。底基层可采用级配粒料、水泥稳定粒料或石灰粉煤灰稳定粒料等。

（2）基层常用材料

常用的基层材料如下：

无机结合料稳定粒料：无机结合料稳定粒料基层包括石灰稳定土类基层、石灰粉煤灰稳定砂砾基层、石灰粉煤灰钢渣稳定土类基层、水泥稳定土类基层等，其强度高，整体性好，适用于交通量大、轴载重的道路。工业废渣（粉煤灰、钢渣等）混合料的强度、稳定性和整体性均较好，适用于各种路面的基层，但所用工业废渣应性能稳定、无风化、无腐蚀。

嵌锁型和级配型材料：级配砂砾及级配砾石基层可用作城市次干道及其以下道路基层；为防止冻胀和湿软，天然砂砾应质地坚硬，含泥量不应大于砂质量（粒径小于 5 mm）的 10%，级配砾石作次干道及其以下道路底基层时，级配中最大粒径宜小于 53 mm，作基层时最大粒径不应大于 37.5 mm；级配碎石及级配砾石基层可用作城市快速路、主干路、次干路及其以下道路基层，也可作为城市快速路、主干路、次干路及其以下道路底基层；嵌缝料应与骨料的最小粒径衔接。

4.面层与材料

（1）面层分类

高等级沥青路面面层可分为磨耗层、面层上层、面层下层，或称为上（表）面层、中面层、下（底）面层。

（2）面层材料

热拌沥青混合料，包括沥青玛蹄脂碎石混合料（Stone Mastic Asphalt, SMA）和大空隙开级配排水式沥青磨耗层（Open-graded Friction Course, OGFC）等嵌挤型热拌沥青混合料；适用于各种等级道路的面层，其种类应按集料公称最大粒径、矿料级配、孔隙率划分。

冷拌沥青混合料：冷拌沥青混合料适用于支路及其以下道路的路面、支路的表面层，以及各级沥青路面的基层、连接层或整平层；冷拌改性沥青混合料可用于沥青路面的坑槽冷补。

温拌沥青混合料：在沥青混合料拌制过程中添加特定成分，使沥青混合料在 120～130 ℃时拌合；温拌沥青混合料与热拌沥青混合料适用范围相同。

沥青贯入式面层：沥青贯入式面层宜在城市次干路以下路面层使用，其主石料层厚度应依据碎石的粒径确定，厚度不宜超过 100 mm。

沥青表面处治面层：主要起防水、防磨耗、防滑或改善碎（砾）石路面的作用；沥青表面处治面层的集料最大粒径应与处治层厚度相匹配。

（二）结构层的性能要求

1.路基性能主要指标

路基既为车辆在道路上行驶提供基础条件，也是道路的支撑结构物，对路面的使用性能有重要影响。路基应稳定、密实、均质，为路面结构提供均匀的支撑，即路基在环境和荷载作用下不产生不均匀变形。

（1）整体稳定性

在地表上开挖或填筑路基，必然会改变原地层（土层或岩层）的受力状态；

原先处于稳定状态的地层，有可能由于填筑或开挖而引起不平衡，导致路基失稳。软土地层上填筑高路堤产生的填土附加荷载如超出了软土地基的承载力，就会造成路堤沉陷；在山坡上开挖深路堑使上侧坡体失去支撑，有可能造成坡体坍塌；在不稳定的地层上填筑或开挖路基，会加剧滑坡或坍塌。因此，必须保证路基在不利的环境（地质、水文或气候）条件下具有足够的整体稳定性，以发挥路基在道路结构中的强力承载作用。

（2）变形量控制

路基及其下承的地基，在自重和车辆荷载作用下会产生变形，如地基填土过分疏松或潮湿时，所产生的沉陷或固结，以及不均匀变形，会导致路面出现过量的变形和应力增大，促使路面过早被破坏并影响汽车行驶的舒适性。因此，必须尽量控制路基、地基的变形量，才能给路面以坚实的支撑。

2.基层主要性能指标

基层是路面结构中的承重层，主要承受车辆荷载的竖向力，并把面层下传的应力扩散到路基，且为面层施工提供稳定而坚实的工作面，控制或减少路基不均匀冻胀或沉降变形对面层产生的不利影响。基层受自然因素的影响虽不如面层强烈，但面层下的基层应有足够的水稳性，以防基层湿软后变形大，导致面层损坏。

其主要性能指标有：

①基层应具有足够的、均匀一致的承载力和较大的刚度；有足够的抗冲刷能力和抗变形能力，坚实、平整，整体性好；

②不透水性好，底基层顶面宜铺设沥青封层或防水土工织物，为防止地下渗水影响路基，排水基层下应设置由水泥稳定粒料或密级配粒料组成的不透水底基层。

3.面层主要性能指标

面层是直接同行车和大气相接触的层位，承受行车荷载引起的竖向力、水平力和冲击力的作用，同时又受降水的侵蚀作用和温度变化的影响。因此，面层应具有较高的强度和刚度，要耐磨、不透水，且要具有较强的高低温稳定性，并且其表面层还应具有良好的平整度和粗糙度。

4.路面主要使用指标

（1）承载能力

车辆荷载作用在路面上，会使路面结构内产生应力和应变，如果路面结构整体或某一结构层的强度或抗变形能力不足以抵抗这些应力和应变时，路面就会出现开裂或变形情况，降低其服务水平。路面结构暴露在大气中，受到温度和湿度的周期性变化影响，其承载能力也会下降。路面在长期使用中会出现疲劳性损坏和塑性累积变形，需要维修养护，但频繁维修养护势必干扰正常的交通运营。为此，路面必须满足设计年限的使用需要，具有足够的抗疲劳破坏和塑性变形的能力，即具备相当高的强度和刚度。

（2）平整度

平整的路表面可减小车轮对路面的冲击力，行车产生附加的振动小，不会造成车辆颠簸，能提高行车的速度和舒适性，不增加运行费用；依靠先进的施工机具、精细的施工工艺、严格的施工质量控制，以及经常、及时的维修养护，可实现路面的高平整度；为减缓路面平整度的衰变速率，应重视路面结构及面层材料的强度和抗变形能力。

（3）温度稳定性

路面材料，特别是表面层材料，长期受水文、温度、大气因素的作用，材料强度会下降，材料性状会变化，如沥青面层老化，弹性、黏性、塑性逐渐丧失，最终路况恶化，导致车辆运行质量下降。为此，路面必须保持较高的稳定性，即具有较低的温度、湿度和敏感度。

（4）抗滑能力

光滑的路表面会使车轮缺乏足够的附着力，汽车在雨雪天行驶或紧急制动、转弯时，车轮易产生空转或溜滑现象，极有可能造成交通事故。因此，路表面应平整、密实、粗糙、耐磨，具有较大的摩擦系数和较强的抗滑能力。路面抗滑能力强，可缩短汽车的制动距离，降低发生交通安全事故的概率。

（5）透水性

一般情况下，城镇道路路面应具有不透水性，以防止水分渗入道路结构层和路基，导致路面损坏。

（6）噪声量

城市道路使用过程中产生的交通噪声，使人们出行感到不舒适，居民生活质量下降。城市区域应尽量使用低噪声路面，为营造静谧的社会环境创造条件。

近些年，我国城市开始修筑降噪排水路面，以提高城市道路的使用功能，减少城市交通噪声。降噪排水路面以沥青路面为主，沥青路面结构组合方式如下：上面层（磨耗层）采用排水沥青混合料，中面层、下（底）面层等采用密级配沥青混合料。既满足沥青路面强度高、高低温性能好和平整密实等路用功能，又实现了城市道路排水降噪的环保功能。

三、水泥混凝土路面

水泥混凝土路面的结构包括路基、垫层、基层及面层。路基上文已介绍。

（一）构造特点

1.垫层

在温度和湿度状况不良的环境下，城市水泥混凝土道路应设置垫层，以改善路面结构的使用性能。

在季节性冰冻地区，道路结构设计总厚度小于最小防冻厚度要求时，根据路基干湿类型和路基填料的特点设置垫层；其差值即是垫层的厚度。水文地质条件不良的土质路堑，路基土湿度较大时，宜设置排水垫层。路基可能产生不均匀沉降或不均匀变形时，宜加设半刚性垫层。

垫层的宽度应与路基宽度相同，其最小厚度为 150 mm。

防冻垫层和排水垫层宜采用砂、砂砾等颗粒材料。半刚性垫层宜采用低剂量水泥、石灰等无机结合稳定粒料或土类材料。

2.基层

（1）水泥混凝土道路基层的作用

防止或减轻由于唧泥产生板底脱空和错台等病害；与垫层共同作用，可控制或减少路基不均匀冻胀或体积变形对混凝土面层产生的不利影响；为混凝土面层施工提供稳定而坚实的工作面，并改善接缝的传荷能力。

（2）基层材料的选用原则

根据道路交通等级和路基抗冲刷能力来选择基层材料。特重交通宜选用贫混凝土、碾压混凝土或沥青混凝土；重交通道路宜选用水泥稳定粒料或沥青稳定碎石；中、轻交通道路宜选择水泥或石灰粉煤灰稳定粒料或级配粒料。湿润和多雨地区，繁重交通路段宜采用排水基层。

此外，应注意：

①基层的宽度应根据混凝土两层施工方式的不同，比混凝土面层每侧至少宽出 300 mm（小型机具施工时）或 500 mm（轨模式摊铺机施工时）或 650 mm（滑模式摊铺机施工时）；

②各类基层结构性能、施工或排水要求不同，厚度也不同；

③为防止下渗水影响路基，排水基层下应设置由水泥稳定粒料或密级配粒料组成的不透水底基层，底基层顶面宜铺设沥青封层或防水土工织物；

④碾压混凝土基层应设置与混凝土面层相对应的接缝。

3.面层

面层混凝土板通常分为普通（素）混凝土板、钢筋混凝土板、连续配筋混凝土板、预应力混凝土板等。目前，我国多采用普通（素）混凝土板。水泥混凝土面层应具有足够的强度、耐久性（抗冻性）。

混凝土板在温度变化影响下会产生胀缩。为防止胀缩作用导致板体裂缝或翘曲，混凝土板设有垂直相交的纵向和横向缝，将混凝土板分为矩形板。一般相邻的接缝对齐，不错缝。每块矩形板的板长按面层类型、厚度并由应力计算确定。

纵向接缝是根据路面宽度和施工铺筑宽度设置的。一次铺筑宽度小于路面宽度时，应设置带拉杆的平缝形式的纵向施工缝。一次铺筑宽度大于 4.5 m 时，应设置带拉杆的假缝形式的纵向缩缝，纵缝应与线路中线平行。

横向接缝：横向施工缝尽可能选在缩缝或胀缝处。前者采用加传力杆的平缝形式，后者同胀缝形式。特殊情况下，采用设拉杆的企口缝形式。

胀缝设置：除夏季施工的板，且板厚大于等于 200 mm 时可不设胀缝外，其他季节施工时均应设胀缝。胀缝间距一般为 100～200 m。混凝土板边与邻近桥梁等其他结构物相接处或板厚有变化或有竖曲线时，一般也设胀缝。横向缩缝为假缝时，可等间距或变间距布置，一般不设传力杆。

对于特重及重交通等级的混凝土路面，横向胀缝、缩缝均设置传力杆。当板厚按设传力杆确定的混凝土板的自由边不能设置传力杆时，应增设边缘钢筋，自由板角上部增设角隅钢筋。混凝土既是刚性材料，又属于脆性材料。因此，混凝土路面板的构造，都是为了最大限度地发挥其刚性特点，使路面能承受车轮荷载，保证行车安全；同时又是为了克服其脆性的弱点，防止在车载和自然因素作用下发生开裂、破坏，最大限度地提高其耐久性，延长服务周期。

抗滑构造：混凝土面层应具有较大的粗糙度，即应具备较强的抗滑性能，以提高行车的安全性，因此可采用刻槽、压槽、拉槽或拉毛等方法形成一定的构造深度。

（二）主要原材料选择

城市快速路、主干路应采用道路硅酸盐水泥或普通硅酸盐水泥；其他道路可采用矿渣水泥。水泥应有出厂合格证（含化学成分、物理指标），并经复验合格方可使用。不同等级、厂牌、品种、出厂日期的水泥不得混存、混用。出厂期超过三个月或受潮的水泥，必须经过试验，合格后方可使用。

粗骨料应采用质地坚硬、耐久、洁净的碎石、砾石、破碎砾石，技术指标应符合规范要求，粗骨料宜使用人工级配。粗骨料的最大公称粒径为：碎砾石不得大于 26.5 mm，碎石不得大于 31.5 mm，砾石不宜大于 19.0 mm；钢纤维混凝土粗骨料最大粒径不宜大于 19.0 mm。

宜采用质地坚硬，细度模数在 2.5 以上，符合级配规定的洁净粗砂、中砂，技术指标应符合规范要求。使用机制砂时，还应检验砂浆磨光值，其值宜大于 35，不宜使用抗磨性较差的水成岩类机制砂。海砂不得直接用于混凝土面层。淡化海砂不得用于城市快速路、主干路、次干路，可用于支路。

外加剂应符合国家现行《混凝土外加剂》（GB 8076—2008）的有关规定，并有合格证。使用外加剂应经掺配试验，确认符合国家现行《混凝土外加剂应用技术规范》（GB 50119—2013）的有关规定方可使用。

钢筋的品种、规格、成分，应符合设计和现行国家标准规定，具有生产厂的牌号、炉号，检验报告和合格证，并经复试（含见证取样）合格，方可使用。钢筋不得有锈蚀、裂纹、断伤和刻痕等缺陷。传力杆（拉杆）、滑动套材质、规格应符合规定。

胀缝板宜用厚 20 mm，水稳性好，具有一定柔性的板材制作，且经防腐处理。填缝材料宜用树脂类、橡胶类、聚氯乙烯胶泥类、改性沥青类填缝材料，并宜加入耐老化剂。

四、沥青混合料

（一）材料组成及分类

1.材料组成

沥青混合料是一种复合材料，主要由沥青、粗骨料、细骨料、矿粉组成，有的还加入聚合物和木纤维素。由这些不同质量和数量的材料混合形成不同的结构，并具有不同的力学性质。

沥青混合料结构是材料单一结构和相互联系结构概念的总和，包括沥青结构、矿物骨架结构及沥青-矿粉分散系统结构等。沥青混合料的结构取决于下列因素：矿物骨架结构、沥青的结构、矿物材料与沥青相互作用的特点、沥青混合料的密实度及其毛细孔隙结构的特点。

沥青混合料的力学强度，主要由矿物颗粒之间的内摩阻力和嵌挤力，以及沥青胶结料及其与矿料之间的黏结力决定。

2.基本分类

按材料组成及结构分为连续级配、间断级配混合料。按矿料级配组成及空隙率大小分为密级配、半开级配、开级配混合料。

按公称最大粒径的大小可分为特粗式（公称最大粒径大于 31.5 mm）、粗粒式（公称最大粒径等于或大于 26.5 mm）、中粒式（公称最大粒径为 16 mm 或 19 mm）、细粒式（公称最大粒径为 9.5 mm 或 13.2 mm）、砂粒式（公称最大粒径小于 9.5 mm）沥青混合料。

按生产工艺分为热（温）拌沥青混合料、冷拌沥青混合料、再生沥青混合料等。

3.结构类型

沥青混合料可以分为按嵌挤原则构成和按密实级配原则构成两大结构类型。

（1）按嵌挤原则构成的沥青混合料

按嵌挤原则构成的沥青混合料的结构强度，是以矿质颗粒之间的嵌挤力和内摩阻力为主、沥青结合料的黏结作用为辅而构成的。这类路面是以较粗的、颗粒尺寸均匀的矿物构成骨架，沥青结合料填充其空隙，并把矿料黏结成一个整体。这类沥青混合料的结构强度受自然因素（温度）的影响较小。

（2）按密实级配原则构成的沥青混合料

按密实级配原则构成的沥青混合料的结构强度，是以沥青与矿料之间的黏结力为主，矿质颗粒间的嵌挤力和内摩阻力为辅构成的。这类沥青混合料的结构强度受温度的影响较大。

按密实级配原则构成的沥青混合料，其结构组成通常有下列三种形式。

　　密实-悬浮结构：由次级骨料填充前级骨料（较次级骨料粒径稍大）空隙的沥青混凝土具有很大的密度，但由于前级骨料被次级骨料和沥青胶浆分隔，不能直接互相嵌锁形成骨架，因此该结构具有较强的黏聚力，但内摩擦角较小，高温稳定性较差。

　　骨架-空隙结构：粗骨料所占比例大，细骨料很少甚至没有。粗骨料可互相嵌锁形成骨架，嵌挤能力强；但细骨料过少，不易填充粗骨料之间形成的较大空隙。该结构内摩擦角较大，但黏聚力较小。沥青碎石混合料和大空隙排水沥青混合料是这种结构的典型代表。

　　骨架-密实结构：较多数量的断级配粗骨料形成空间骨架，发挥嵌挤锁结作用，同时由适当数量的细骨料和沥青填充骨架间的空隙形成既嵌紧又密实的结构。该结构不仅内摩擦角较大，黏聚力也较大，是综合以上两种结构优点的结构。沥青玛蹄脂碎石混合料是这种结构的典型代表。

　　三种结构的沥青混合料由于密度、空隙率、矿料间隙率不同，在稳定性和路用性能上亦有显著差别。

（二）主要材料与性能

1.沥青

　　我国《城镇道路工程施工与质量验收规范》（CJJ1—2008）规定：城镇道路路面层宜优先采用 A 级沥青（即能适用于各种等级、任何场合和层次）。不宜使用煤沥青。

　　沥青的主要技术性能如下。

　　（1）黏结性

　　沥青材料在外力作用下，沥青粒子产生相互位移的抵抗变形的能力，即沥青的黏度。常用的是条件黏度，《公路沥青路面施工技术规范》（JTG F40—2004）将 60 ℃动力黏度（绝对黏度）作为道路石油沥青的选择性指标。对高等级道路，夏季高温持续时间长、重载交通、停车场、行车速度慢的路段，宜采用稠度大（针入度小）的沥青；对冬季寒冷地区、交通量小的道路，宜选用稠度小的沥青。当需要满足高、低温性能要求时，应优先考虑高温性能的要求。

（2）感温性

感温性，即沥青材料的黏度随温度变化的感应特性。表征指标之一是软化点，软化点是指沥青在特定试验条件下达到一定黏度时的条件温度。软化点高，意味着等黏温度也高，因此软化点可作为反映感温性的指标。《公路沥青路面施工技术规范》新增了针入度指数（PI）这一指标，它是应用针入度和软化点的试验结果来表征沥青感温性的一项指标。在日温差和年温差较大的地区宜选用针入度指数大的沥青。对于高等级道路、夏季高温持续时间长的地区、重载交通道路、停车站、有信号灯控制的交叉路口、车速较慢的路段或部位，需选用软化点高的沥青；反之，则选用软化点较低的沥青。

（3）耐久性

沥青材料在生产、使用过程中，受热、光、水、氧气和交通荷载等外界因素的影响而逐渐变硬、变脆，改变原有的黏度和低温性能，这种变化称为沥青的老化。沥青应有足够的抗老化性能，即耐久性，使沥青路面具有较长的使用年限。我国相关规范规定，采用薄膜烘箱加热试验，测试老化后沥青的质量变化、残留针入度比、残留延度（10 ℃或 5 ℃）等，可以反映其抗老化性。通过水煮法试验，可以测定沥青和骨料的黏附性，反映其抗水损害能力，等级越高，黏附性越好。

（4）塑性

塑性是指沥青材料在外力作用下发生变形而不被破坏的能力，即反映沥青抵抗开裂的能力。过去曾采用 25 ℃的延度而不能比较黏稠石油沥青的低温性能。现行规范规定：25 ℃延度改为 10 ℃延度或 15 ℃延度，不同标号的沥青延度就有了明显的区别，这样就能反映出它们的低温性能。一般认为，低温延度越大，抗开裂性能越好。在冬季低温或高、低温差大的地区，应采用低温延度大的沥青。

（5）安全性

确定沥青加热熔化时的安全温度界限，保障沥青的安全使用。有关规范规定，通过闪点试验测定沥青加热点闪火的温度，确定沥青的安全使用范围。沥青越软（标号高），闪点越低，如沥青标号 110 号到 160 号，闪点不小于 230 ℃，标号 90 号不小于 245 ℃。

2.粗骨料

粗骨料应洁净、干燥、表面粗糙；质量技术要求应符合《城镇道路工程施工与质量验收规范》的有关规定。

每种粗骨料的粒径规格（即级配）都应符合工程设计的要求。

粗骨料应具有较大的表观相对密度，较小的压碎值、洛杉矶磨耗损失、吸水率、针片状颗粒含量、水洗法小于 0.075 mm 颗粒含量和软石含量。例如，城市快速路、主干道路表面层粗骨料压碎值应不大于 26%，吸水率应不大于 2%等。

城市快速路、主干道路的表面层（或磨耗层）的粗骨料的磨光值 PSV 应不少于 36～42，以满足沥青路面耐磨的要求。

粗骨料对沥青的黏附性应较大，城市快速路、主干道的骨料对沥青的黏附性应大于或等于 4 级，次干路及以下道路在潮湿区应大于或等于 3 级。

3.细骨料

细骨料应洁净、干燥、无风化、无杂质，质量技术要求应符合《城镇道路工程施工与质量验收规范》的有关规定。

细骨料应是中砂以上颗粒级配，含泥量小于 3%～5%；有足够的强度和耐磨性能。

热拌密级配沥青混合料中天然砂用量不宜超过骨料总量的 20%，SMA、OGFC 不宜使用天然砂。

4.矿粉

应用石灰岩或石灰浆中强基性岩石等憎水性石料经磨细得到矿粉，矿粉应干燥、洁净，细度达到要求。当采用水泥、石灰、粉煤灰作填充料时，其用量不宜超过矿料总量的 2%。

城市快速路、主干路的沥青面层不宜用粉煤灰作填充料。

沥青混合料用矿粉质量要求应符合《城镇道路工程施工与质量验收规范》的有关规定。

5.纤维稳定剂

①木质纤维技术要求应符合《城镇道路工程施工与质量验收规范》的有关规定；

②不宜使用石棉纤维；

③纤维稳定剂应在 250 ℃高温条件下不变质。

第二节　城镇道路设计

在现代交通事业发展过程中，城镇道路设计质量关乎城镇居民的出行安全，直接影响现代城镇的建设质量。城镇道路设计需要重视实用性和功能性，不同城镇面临的实际问题不同，因此在设计工作开展过程中也需要提升针对性，让城镇道路设计更好地为人们的出行服务。

一、城镇道路设计的必要性和重要性

（一）必要性

城镇道路与一般公路的建设标准有一定的区别，城镇道路设计要考虑城镇管道、城镇绿化带、自行车道的布置等问题，因此城镇道路设计的标准更高。城镇道路是城镇的重要组成部分，一旦建设不合理就会影响城镇居民的正常出行，从而影响社会和谐。为构建和谐城镇，使城镇道路真正服务于城镇，为城镇发展提供动力，须在城镇道路工程中不断优化设计方案。

（二）重要性

随着我国社会经济发展速度加快，城镇化进程正在不断推进，城镇人流量逐渐增大，生产活动逐渐增多，由此使得城镇交通运输量变大，给城镇道路带来了一定压力，同时也提出了更高要求，因此应进一步优化城镇基础设施建设。

城镇道路是城镇建设的重要内容，城镇道路建设是否科学合理在一定程度上反映了城镇的现代化水平。同时，道路工程设计也会影响城镇的周边环境，关系到城镇居民的日常出行，影响人们的生产和生活。因此，必须对城镇道路进行优化建设，从多方面考虑城镇道路相关内容，与道路周边环境形成一个有机整体，使交通路线的设计更加合理，使道路更加平整，方便居民的日常出行；使人们能快速地找到道路，减少在路上花费的时间，同时方便各项生产活动的正常开展，减少交通事故的发生，进一步推动城镇现代化建设，建设更加宜居的城镇。

二、城镇道路设计的基本特点

（一）考虑因素众多

城镇道路在建设时需要考虑诸多因素，不仅要和周边环境相协调，还需考虑地下相关设施、电缆等问题。

（二）涉及多个专业领域

城镇道路工程是较为复杂且具有难度的，涉及多个专业领域的知识，要求多个专业领域的工作人员相互协调、交流、合作，力求从多个专业角度思考城镇道路工程，使城镇道路工程更加规范、合理。城镇道路设计包括道路宽度、管道路线、绿化设施等，每个专业领域不同，在工程施工时会有不同的侧重点，需要各个专业的工作人员在一起讨论、研究最佳设计方案，将道路工程、绿化工程紧密结合在一起，按照各自的特点进行设计，充分发挥各专业的优势，实现城镇道路可持续发展。

（三）考虑实际问题

设计是城镇道路工程的起始阶段，主要是在图纸上进行设计，有的设计人员没有道路工程的实践经验，不了解道路铺设时可能会遇到的各种各样的问题，导致设计方案不能完全满足道路工程的需要，因此在设计时应结合施工实际情况，考虑城镇道路周边情况，使城镇道路与之相协调，成为一个有机整体。

（四）多个部门相互协作

设计是城镇道路工程的重要环节，对于后续工作的开展具有重要影响，设计部门的工作人员不能只从设计的角度出发，应加强与施工部门、管理部门及其他部门的联系。从城镇道路设计起始阶段到竣工验收阶段需要多个部门共同协作。在施工过程中，需要监理部门确认工程是否与设计一致，如果出现不一致的情况，应根据工程施工的具体情况灵活地采取必要措施，确保城镇道路工程顺利完工。

（五）设计突出专业性

城镇道路设计要求由专业能力强、实践经验丰富的人员开展设计工作，设计人员应吸取各个领域工作人员的专业意见，包括管道设施、绿化工程工作人员的看法和建议，整合优化后应用于设计中，使其贴合工程施工情况，帮助相关部门高效推进工作，确保工程顺利竣工。

三、城镇道路设计的原则

（一）安全性原则

城镇道路设计的基础就是安全性，要将安全意识落实到设计工作中，确保设计工作满足实际建设工作的需要，保证道路安全通畅；还要对实际存在的各种道路问题进行盘点，利用现代设计理念对问题进行有针对性的处理，保证城镇道路的设计水平。

（二）经济性原则

目前，城镇道路建设规模持续增长，建设成本也在不断攀升，设计人员需要在设计过程中考虑成本问题，科学地选择设计路线及路面形式，采取合理有效的设计方法做好道路工程的成本控制工作，提高工程的经济效益。

（三）环保性原则

现代社会，人们的汽车保有量持续增长，交通高峰时存在严重的堵塞情况，而且尾气排放量增加，影响城镇环境。相关人员在设计城镇道路过程中需要落实环保性原则，推动城镇绿色发展。要根据城镇的实际情况采取相应的环保措施，均衡道路需求及环境需求，助力城镇的可持续发展。

四、城镇道路设计的思路

城镇道路设计的方法较多，本书主要从道路平面设计、纵断面设计及横断面设计三个方面论述城镇道路设计的思路，以提高城镇道路设计质量。具体内容如下。

（一）道路平面设计

城镇道路平面设计需要提高对交叉路口的重视程度，要确保道路平面交叉路口设计方案的合理性。城镇道路设计中最常见的要素就是公交站点，应该尽量将其设置在交叉路口附近。可以设置在交叉路口前方或后方，设计人员需要考虑道路投入使用后的交通流量，最好设置在交叉路口前方，方便公交车司机观察交通信号灯；同时需要注意不影响行人的正常通行。此外，在路段上设置的同名公交中途站，同向站点间距应在 50 m 以内，异向换乘距离应在 100 m 以内。

以三幅路为例，可利用隔离带断开过街人流量较大的区域，方便行人或非机动车过街。在交叉路口区域，应随着道路线形弯曲路缘石，并适当放大曲线半径，确保外距不小于 0.2 m。该设计的优点是可以避免行驶时出现突然转弯的情况。此外，城镇道路平面设计可依据实际情况，如在设计高填方路段时，可通过复曲线与断背曲线的方式增加道路转弯半径，进而提高路线设计的合理性。

（二）道路纵断面设计

道路纵断面设计应严格遵循相关规范，根据实际情况设置沿线相关标高，确保道路纵断面坡度合理，以提高道路纵断面设计的有效性。设计城镇道路纵断面时，要重点关注两个现实问题：第一，如果设计过程中出现两条相同等级道路交叉的情况，理论上不能改变两条道路各自的坡度，只可以适当改变横坡。通常会选择改变纵向坡度较小路段的横断面形状，使之与纵向坡度较大的道路保持一致；第二，如果出现主要道路与次要道路相交的情况，应确保主要道路纵断面与横断面固定不变，逐步过渡次要道路的双向路拱横坡，继而与主要道路保持一致，以保障道路的通畅性。

（三）道路横断面设计

道路线形设计的核心环节就是横断面设计，设计人员应根据道路等级、功能及道路红线宽度等，结合具体交通资料，明确各道路宽度、车道数量。设计城镇道路车道宽度时，不仅要考虑目前城镇交通运输的具体情况，还要考虑未来的发展情况，尤其要考虑市民收入水平持续提升、城镇内部汽车保有量不断增长、城镇交通出行以私家车为主等因素。

例如，在土地空间相对紧张的城镇内部商业区域，可以将行车道宽度设置为3～3.5m；合理设计多车道，避免造成交叉路口区域通行负荷增加，出现交通混乱等情况；如果同向车道内没有设置中央分隔带，则需要考虑两侧车道的通行能力；结合各城镇道路设计情况，控制城镇内部交通干路双向机动车车道数量不得超过8条等。

五、城镇道路设计的相关技术问题

（一）城镇山地道路设计的技术问题

城镇山地道路的地质条件十分复杂，在地形上具有多变性，往往容易出现各种地质灾害，如泥石流、滑坡等。复杂的自然环境条件，导致山地道路选线工作十分困难，且存在许多道路交叉口，因此对山地道路设计技术也提出了全新要求。

1.山地道路选线

山地地形条件复杂，给选线工作也造成了一定困难。所以，山地道路在设计时需要结合不同道路等级和标准开展选线工作，如主干路、快速路、次干路及支路时，需要全面考虑地形地质条件，并结合实际情况有效开展道路设计工作。

2.山地道路的横断面设计

山地道路的横断面包括路面、路堑、路堤及隧道等。在横断面设计过程中，要结合路线所在地的实际情况，在不同平面上合理安排车行道和人行道，必要时布置阶梯状道路，增大道路铺设面积，使道路能够和周围的建筑相协调。

3.山地道路的路基防护设计

为了有效应对地形地质条件的复杂性，设计人员在开展设计工作时需要设置相关的防护措施，如设计挡土墙减轻土壤风化，开挖路段时选取最优放坡形式等。在具体施工过程中，应根据当地实际情况和勘察报告明确放坡系数。

4.山地道路排水设计

在设计山地城镇道路时，需要合理优化排水设计工作，要有相应的排水设施，如截水沟、边沟、排洪渠等，从而避免雨水冲刷等对道路结构产生破坏。

（二）城镇地下道路设计的技术问题

在城镇地下道路设计过程中，地下管线、地面建筑物、地铁隧道以及构筑物等都会对地下道路产生一定的影响。对比地面道路，地下道路面临的情况更为复杂。因此，在开展地下道路设计工作时，相关设计人员要掌握技术要点，高度重视地下道路设计的各种技术问题。

首先，要重视地下道路线形设计。主要表现为平曲线当中的视距问题。在设计地下道路时，为了消除视觉上的偏差，需要采取相应的交通导行措施，从而缩短同向曲线间的长度。

其次，要重视地下道路排水系统设计。一旦地下结构无法及时排水，将会对道路上的车辆和人员安全产生严重影响，容易引发相关的安全事故。所以，在道路设计过程中，需要在地势较低的地点和出入洞口处设计截水沟、集水池等。与此同时，需要注意反向纵坡的设计，避免道路工程以外的水流入地下道路，对道路交通产生影响。

最后，地下道路设计要有完善的系统，具体涉及电信、给排水管、煤气、消防、排烟等系统，必要时还需要设置灾害发生时的报警信号系统，以便在发生火灾等灾害时及时疏散人员，有序撤离地下道路。与此同时，地下道路可能受到侧墙的影响，在行车过程中会产生很大噪声，因此要在地下通道中设置吸音设备及隔音设施等，降低噪声污染，减少噪声给人们带来的影响，创造舒适的道路交通环境。另外，路面可采用沥青混凝土面层，这样不仅可以降低地下道路发生火灾事故的可能性，还能降低行车噪声，促进社会的稳定发展。

（三）城镇道路交通设计的技术问题

在城镇道路交通设计中，若没有充分考虑车流量及人流量，对道路结构的宽度、等级等预判不足，且在设计时没有根据实际情况应用相关设计规范要求，那么极有可能导致道路在修建结束后，其安全性和稳定性不符合预期要求，会存在安全隐患。因此，需要及时转变城镇道路的设计理念，采用科学合理的设计方案。

在道路设计前期，要系统分析城镇交通流量远期发展，做好具体的交通流量分析工作，并根据分析结果合理进行道路设计，完善道路设计方案，为后续城镇的发展打下基础。另外，要加强道路交通设施设计，具体包括以下内容。

1.道路标线设计

道路路面标线材料统一采用热熔型反光涂料；交叉口和进、出口段标线按道路平面线形，根据道路标线设计进行流线型布置。

2.道路标志设计

根据道路沿线交叉口及进出小路口分布情况，结合相关规范标准，合理设置各种标志及交通信号设施，规范交通组织及行车安全。

3.道路反光设施

为保障夜间交通安全，在道路沿线各交叉口渠化岛及调头段迎车面曲线部分设置铝塑贴板反光膜。

（四）城镇道路环形交叉口改造设计

在我国，多数城镇道路环岛往往只作为功能简单的平面交叉口，其实可在道路中心位置设置中心岛，通过环道对渠化交通进行组织，并加入标志性建筑或者景观素材，满足其功能和景观方面的需求。

现如今，我国城镇道路环形交叉口设计还存在以下技术问题。首先，技术标准较低。某些环岛交叉口的几何尺寸只是比普通平面交叉口稍微大一些，因此仍然存在交织段短的弊端，无法有效形成交织。其次，环岛半径相对较小，而环道车道相对较多，二者无法有效匹配。再次，行人、非机动车以及机动车之间存在相互干扰现象，使交叉口服务水平下降。最后，多数城镇道路的环形交叉口往往无人控制，缺乏完善的交通配套设施以及组织方案，这导致环形交叉口的通行能力受到严重影响，进而降低了交通组织水平。

针对上述问题，相关设计人员要采取合理的解决对策。首先，可将较小的环道拆除，增加交叉口渠化的车道数。其次，在保持交通组织规则不变的情况下，可以在环形交叉口位置加强信号灯管制，维护行车秩序。再次，要确保与设计规范要求相符合。设置与渠化相关的设备、标志以及划线，确保与我国相关规范相符合，并按照规范设计其颜色、位置、形状以及尺寸，不能随意进行改动。最后，要确保位置选择的科学性和合理性。在选择交通岛的位置时，选取行车轨迹最少的死点处，可以避免对行车造成影响，并且可以缩小交叉口的多余面积，控制车辆活动范围。

第三节　城镇道路施工

一、城镇道路路基施工

（一）城镇道路路基的重要性

在城镇道路建设中，路基就像人的心脏一样重要。路基是整个道路建设的根本，其质量直接影响着道路施工质量。路基是路面的载体，路面把承载力传输给路基，再由路基传输给大地，这是一个周期循环。道路路基不仅承受路面车辆和人流量的压力，还承受路面混凝土的压力。因此，路基的质量是决定整体道路工程质量的关键。只有保证路基质量，道路工程施工的后续环节才可以顺利进行。

保证路基建设的质量，是确保道路工程整体施工质量的前提与基础。在城镇道路工程建设施工设计中，应对城镇道路的路面工程和路基工程进行相应的施工设计，为城镇道路整体施工质量提供有力支撑。城镇道路工程建设的主要价值就是有效保证城市交通运行以及人们日常出行，其本质就是为人民服务。

在城镇道路整体建设项目中，路基的施工质量直接决定道路竣工后的使用寿命，对城市的发展和道路交通有着深刻的影响。因此，一定要保证路基的施工质量，延长道路的使用寿命，减少城镇道路的后期维护成本。目前，城市化进程不断加快，城市人口数量也在不断增加，城市汽车的数量也在逐年增加，这就导致城镇道路承载量不断加大。如果在道路施工中不重视路基的施工质量，道路就会出现变形、裂缝、下陷、凹凸等问题，不仅影响道路美观，还会直接影响车辆的正常通行，引发交通拥堵，甚至会威胁行人的安全，导致安全事故。

在城镇道路工程建设中，路基施工质量是关键环节，而路基施工强度在一定程度上能够决定道路整体的承载力。因此，施工单位和政府部门需要重视路基施工质量，确保路基的承载力符合国家相关规定，保证道路建设的整体质量，降低因交通载荷过大导致道路承载力不足的可能性。

在道路施工项目中，一定要采取相应的措施，防止道路混凝土的断裂。在城镇道路路基施工过程中，有效降低混凝土裂开的措施有很多。例如，针对混凝土产生的水化热，可以采取加冰块、空气降温等措施防止路基裂开。这样做可以有效提升城镇道路路基的整体性和稳固性。施工单位可以与相关科研单位合作，采用先进的施工技术，降低混凝土开裂事故的发生概率，保证城镇道路的施工质量。另外，在实际施工中，施工单位可采用先进的技术，有效避免路基在外力作用下出现裂缝、凹凸、变形等质量问题，从而提高路基的施工稳定性和安全性，提高道路的承载力，延长使用寿命。

（二）城镇道路路基施工特点

路基是城镇道路最核心的部分，直接决定着道路工程的整体质量。在路基施工过程中，对各环节的作业要求相对严格，其中任何一道工序出现问题，都有可能导致路基无法达到道路工程建设质量的要求，导致返工并造成经济损失。城镇道路建设环境相对复杂，可能是成熟的城市空间，也可能是自然环境等。环境的变化（如交通、人为活动及气象因素的变化）等也会对路基施工造成明显影响。

衡量城镇道路路基施工质量的指标主要有三个，即强度、结构稳定性和水稳性。城镇道路在投入使用后会面临较大的交通压力，路面荷载量大。因此，路基必须具备足够的强度以应对来自路面的荷载，避免出现变形、沉降问题，同时能有效应对地下水、地质变动等因素对结构稳定性造成的影响。长期受到水流的浸泡和冲刷会影响路基的强度，比如冬季常出现的道路翻浆、胀裂问题。这就要求路基具备良好的水稳性，以延长道路的使用寿命。

（三）城镇道路路基施工的基本要求

就城镇道路的施工和建设而言，相关人员应该从详细了解路基施工的基本情况。路基施工过程中会受到地下水和地面水的影响，所以地基整体的稳定性相对较差，在后续使用的过程中很容易受到一些外在因素的影响。在季节特征比较明显的区域，随着季节的变化，土体的温度也会发生很大的变化，所以路基在后续使用过程中可能会出现冻胀或翻浆的情况，导致路基整体强度下降，所以在对路基进行施工的过程中，相关人员首先应该从当地的实际情况出发，结合当地的地质特点和气候条件进行针对性施工，保证水温的稳定性，全面增强地基强度。

除保证水温的稳定性外，相关人员还应该从路基强度的角度出发，在城镇道路施工过程中，从根本上加强对路基强度的检查，系统研究各方面的施工条件，了解施工条件的基本把控内容。尤其是在对路基进行开发和填筑的过程中，相关人员还应明确具体的施工规范，了解工程设计的基本要求，要对路基的强度进行系统检查。保证路基的强度符合施工建设的标准之后，再进行后续的施工和建设。

只有确保路基结构稳定性良好，才能真正发挥路基的使用性能。就城镇道路工程路面施工而言，整体的路面施工是靠路基支撑的，所以在施工过程中，如果路基稳定性相对较差的话，就很难对地面起到支撑作用，而且路基施工质量会受各种因素的影响。所以，为了尽可能地避免路基施工受到不良因素的影响，相关人员应该在施工过程中采取一些有效措施，全面提高路基结构的稳定性，保证路基的施工安全和后续的使用安全。

（四）城镇道路路基施工要点

1.测量

测量是确保道路路基施工图纸规划具备合理性的基础，承建方在进行道路路基施工前，需要运用测量技术，对施工现场环境、地下管线分布等具体细节进行实地测量，并结合施工现场的地域环境、气候变化情况，为施工图纸设计提供准确的数据，从而确保城镇道路路基施工的可行性。在应用具体的测量技术时，施工人员需要以设计图纸为依托，再次就施工现场的基准点、线等内容进行复核测量，为施工的有序开展奠定基础。

在进行复测过程中，测量人员需要详细学习施工图纸的内容，确保基准点、线与图纸相一致，正所谓"差之毫厘，失之千里"，所以一定要保证测量数据的准确性。只有保证测量数据准确并与图纸数据保持一致，才能够使路基施工项目保质保量地完成。

2.挖方施工

挖方作业之前要完成截水沟及排水渠的设置与疏通，并根据施工区域土壤的特点开展防渗作业，设置保护措施，避免路基施工对周边现有建筑、设施的稳定性造成影响。交通协调及排水系统设置工作完毕后，要对施工区域的障碍物进行清除，确保挖方过程边坡的稳定性，降低施工干扰。

城镇道路工程路基挖方主要采用分层开挖、由上到下的方式进行，检验挖方材料是否合格，并做好施工过程的排水工作。若施工现场地质条件复杂，则可选择人工开挖与机械开挖相结合的方式，严格依照边坡参数设计及施工方案的要求开展挖方作业，防止超挖后需要回填情况的出现。

3.填筑施工

对填筑料进行性能检验，选取样本路段开展预填筑试验，以确定最佳的松铺系数、碾压次数及设备使用方案。若路基施工中土方回填厚度达到80 cm，则应对填筑区域进行清理，清平路基基底并压实，然后再进行填筑施工。路基填筑区域通常被分为平整、填作、检测和震压四个区域，各区域的施工作业应相互配合。使用平地机摊铺填筑料，根据事前测定的松铺系数确定每层摊铺的厚度，通常情况下厚度不应超过30 cm。当摊铺至最上一层时，其碾压后的厚度不应小于8 cm。确保各摊铺层路拱相同，以提高路基自身的排水性能。

在填筑施工中，填筑料的选取非常关键。在选料之前，应进行取样分析，若材料性能达到工程建设要求便可大量取用。所选材料应具备便于运输、挖取方便、容易压实等特点，且材料强度、渗水性等均要达到城镇道路工程质量的要求。在实际工作中，常用加州承载比试验来确定填筑料的具体参数，如强度限值、颗粒直径范围等。当前应用最为广泛的填筑料为砾石混合料和石质土，其优点是强度大、水稳性高。此外，经处理的煤渣、钢渣等工业废弃物也可被用作填筑料。禁止使用淤泥、沼泽土等材料填筑路基。

4.压实施工

路基压实施工应依照如下原则进行：先轻后重、先慢后快、先中间后两边。依照该原则进行碾压作业可使路面紧实度和平整度更高，并提高路面的强度。在填筑料摊铺阶段，可在路面中间及两侧预留3°左右的夹角，以提高路面紧实程度。例如，填方路基，路面下 150 cm 的压实度不应低于 93%，路面下 80 cm 的压实度不应低于 94%，距路面 80 cm 之内的压实度应超过 96%。

5.防护施工

路基施工结束后，须结合现场情况设置一定的防护设施，对路基进行加固，以免周围环境变动影响路基的稳定性并破坏路基。城镇道路工程施工常与绿化工程配合进行，在边坡种植植被可达到固土的效果。另外，还可通过设置专门的防护系统对路基进行保护，比如，使用聚氨酯类土工织物混凝土材料建造防护面板，以预防雨水的冲刷并防止边坡沉降。

例如，某城镇道路工程全长 1.8 km，设计红线宽度为 60～92 m。在工程建设中，两个施工路段穿过河道，为避免复杂的周围环境对路基造成影响，决定在相应位置，即河道 1 两侧 180 m 处和河道 2 桥梁两侧 90 m 处设置挡土墙。挡土墙选用 L 型钢筋混凝土结构，并辅以 C20 混凝土垫层，结合 C40 钢筋混凝土构成主体结构。目前，该项目已经投入使用，通过后期观察，挡土墙具备稳定的防护效果，能有效防止水流、土石等对路基的损害。

6.排水施工

路基排水施工受自然降水及地下水位的双重影响，在施工过程中，必须设置专门的排水系统，避免雨水、地下水等长时间浸泡路基而影响道路强度及使用寿命。排水系统本身不能影响路基的稳定性，常规的路基排水系统被设计为地上和地下结合的方式。其中地上系统负责在最短的时间内有效排除路面积水，避免大量积水从路面下渗至路基，影响结构强度。而地下系统的设计需要结合地面两侧横坡边沟及流槽的特点进行，利用预制混凝土或现场浇筑混凝土隔离带的方式对雨水进行阻隔。

地下系统可在硬路肩路面构成三角集水槽，辅助路面排水。沿路基每隔一定距离设置排水口，各排水口与排水沟相连通，以便将积水汇集输送至排水沟内。地下排水设施应严密无缝，防止地下水渗透对路基稳定性造成影响。例如，在地下水位较高的施工路段，地下排水系统应设置渗水管或填充砂砾材料，以提高系统的排水能力。在挖方、填筑作业中，可在路基表面设置角度为3°左右的排水横坡，做好纵向排水工作，排水横坡的具体角度还要根据路堑断面形状、纵坡大小、施工工艺等因素进行调整。注意施工现场散落石料、土料的清理工作，避免其妨碍路基排水。

7.坡面防护

就路基的发展而言，除要做好施工建设之外，还应该做好切实的保护工作。施工单位在施工过程中，应根据边坡的土质和岩石的性质进行分析，了解地质的基本条件和坡面的高度，并采取相应的保护措施。要分析当前施工过程中存在的一些问题，严格把控施工的材料，采取针对性措施做好路基的防护工作。

近些年来，人们适度增加了对路基边坡的防护，越来越多的边坡防护措施得到了应用，比如可采用植物进行防护，植物防护措施是一种施工相对简单且成本投入较低的防护措施，在实际应用中也可以获得相对理想的防护效果。植物本身就能对表土起到一定的覆盖作用，而且能够从根本上调节土壤的湿度，能有效避免雨水的冲刷，保护当地的生态环境。相关人员在选择植物的时候，应考虑根系的问题，要选择一些根系比较发达且容易生长的植物。除进行植物防护之外，工程防护措施也是应用频率较高的一种措施，一般会采取混凝土防护的方式。在施工过程中，相关设计人员和施工人员应从环境保护的角度出发，进行系统化、生态化的调整。

在进行路基施工和后续使用的时候，相关人员应考虑水流对路基的冲刷作用。要想避免这种情况，就应该在施工过程中采取一定的措施。直接冲刷防护措施主要有两种，分别是直接防护和间接防护。直接防护主要是指植物防护、石头防护等，在必要的时候可以设置一些结构物；间接防护是设置一些结构物，通过改变水流的方向，减缓或者消除水流对整个路基造成的破坏，实现保护路基的效果。

相关施工单位应根据路基施工情况进行分析，了解当地的气候条件，根据当地的实际情况合理地选择防护策略。此外，还要综合考虑地质条件和材料来源，考虑水流的情况和保护要求，从经济性的角度做好保护工作。

（五）城镇道路路基施工技术

1.路基施工和机械配备

城镇道路路基正式施工前，要做好技术准备和机械配备工作。技术准备主要分为图纸审核、测量复测、试验准备、清理场地、施工便道准备等环节：路基技术人员要集中复核与查验设计图纸，判断图纸是否存在漏项、重复设计的部分；测量人员应根据设计图纸和测量标准反复测量城镇道路路基的导线、中线、水准点、征地红线、加密点、横断面，以确保其符合施工要求；路基填坑所用的土及填料要按照固定频率试验，原材料、砼、砂浆的配置比例要符合施工标准；路基施工前要明确划分作业界限，转移、保护施工范围内的古树和文物；根据路基施工实际需求还应修建便道，便道要贯穿路基施工全线，且不可与路基边线重合。

此外，城镇道路路基施工要按照填土、挖土、压实的土量规格和作业需求选用适宜的机械设备，配备适用土、石质路堑和路基施工的机械设备，如推土机、装载机、压路机、碾压机等。

2.石质路堑开挖和爆破

城镇道路路基施工中的石质路堑开挖，首先需要根据挖掘尺寸、岩石特点和工程规模制订开挖方案，将石质路堑坡面的2～3 m处设为控制爆破区，严禁爆破硬度低、破碎的岩体，以避免石质路堑开挖对周边坡路和自然地貌造成破坏。施工人员需根据石质路堑槽底的高度选择碾压方式，若槽底过高，则需要人工凿平；若槽底过低，则需要用碎石或石屑碾压填实。石质路堑爆破可采用预裂爆破方式，在中硬岩石和软岩石的边坡处爆破，为防止爆破冲击力过大，影响施工质量，可在石质路堑的主爆孔和预裂孔之间安设辅助孔和缓冲孔，预裂孔和辅助孔的间距控制在 1.2～1.5 m，缓冲孔的布置形式要与主爆孔一致。为确保石质路堑爆破后路基路面平整坚实，石质路堑最底层 2 m 内要用风动凿岩机钻孔爆破，按照爆破标准设置钻孔高度和超钻值，逐步缩小爆破孔间距，然后再安排起爆。

3.路基台背回填

城镇道路路基台背回填的填土范围和填土方式应严格符合文件要求，过渡段路堤压实度应不小于 96%，并兼顾纵向和横向防排水系统的设计与修建。路基结构物的施工要按照分层填土的方式，避免因直接向坑内倾倒而导致填土不平整，每层的填土厚度要控制在 20 cm 以下，与路堤交界的范围内应设置台阶，修建的台阶宽度要大于 1 m。路基的结构物强度要符合施工标准，将通道、盖板安装完成后才可以进行台背回填。

相较于一般路基施工，结构物填土不仅要注重分层，还要强调回填的对称性，分别使用重型碾压机和小型夯实机具填压小于 15 cm 和小于 10 cm 的坑洞。路基结构物回填需要在台背标明每一层的填土厚度，且台背回填的压实厚度要控制在 15 cm 以下。在柱式桥台和肋式桥台的填土过程中，应使柱、肋保持对称平衡的状态，同步开展桥台背和锥坡的填土作业，以满足设计方案的施工要求。台背回填与路基路堤的交界范围内要修筑台阶，台阶最佳修筑规格为宽度 2 m、高度最小为 1 m，且台阶要向内倾斜 2%～4%。

4.路基预应力锚索框架防护

在路基的高坡防护工程施工中，施工人员要精准地将锚孔放于坡面上，误差要控制在 50 mm 以内，按照锚固定地层的特点、场地条件和锚孔的孔径选择合适的钻孔设备。钻孔过程中，路基的岩层要选用潜孔冲击打孔，若岩层遭到浸水或破碎，其锚孔也会随之坍缩，使卡钻深埋于地层中，所以应用跟管钻进技术。在锚索安装过程中，要确保钢绞线均匀排列，并保持顺直的状态，运用机械切割的方式，禁止使用电弧切割钢绞线，安装锚索时应及时去除有死弯和锈坑的材料。锚孔钻孔结束后要运用风压为 0.2～0.4 MPa 的高压空气清除孔内残留的岩石粉末和水体，以避免孔壁岩土与水泥砂浆的黏结性降低。此外，路基高坡防护工程的关键是锚索抗拔力和锚索长度，为确保锚索体与横梁、顶梁稳固连接，应在钢绞线沿锚索体轴线方向每 1.0～1.5 m 设置一架线环，保证锚索体保护层厚度不小于 20 mm。

5.路基抗滑桩和柔性网护施工

路基抗滑桩的桩孔开挖应尽量采用人工的方式，抗滑桩施工前要抚平孔口，应确保路基地表的排水系统正常运作。若在雨季施工，则需要在桩孔口搭建雨棚，修建适宜高度的围堰。修建路基抗滑桩时可多个桩口同步施工，在桩口两端与滑坡主轴的中间处开挖，桩身强度要大于设计图纸规定强度的 75%。在抗滑桩施工中，钢筋笼接头要避免装设在土石分界处，要为钢筋笼保留足够厚的保护层。抗滑桩的桩身要采用干作业法钻孔，然后进行混凝土浇筑（砼浇筑），如果孔内积水量较大且难以彻底排出，则应采用水下灌注混凝土法，向内连续浇筑，最后及时覆盖露出地表的桩体并洒水。

路基柔性网护施工主要包含主动防护和被动防护两种，主动防护是用钢丝绳网等柔性材料覆盖在需要防护的路基部位，以防止坡面岩石的脱落和崩塌对路基造成的破坏；被动防护是将路基上的钢柱和钢丝绳网组成一个整体，以面的形式对路基进行防护，以达到较为理想的防护效果。

6.管涵施工及箱涵顶进施工

（1）管涵施工

涵洞是城镇道路路基工程的重要组成部分，涵洞可分为管涵、拱形涵、盖板涵、箱涵。小型断面涵洞通常用作排水，一般采用管涵形式，统称为管涵。大断面涵洞分为拱形涵、盖板涵、箱涵，用作人行通道或车行道。

管涵施工要点如下：

①管涵通常采用工厂预制钢筋混凝土管的成品管节，管节断面形式分为圆形、椭圆形、卵形、矩形等；

②当管涵设计为混凝土或砌体基础时，基础上面应设混凝土管座，其顶部弧形面应与管身紧紧贴合，使管节均匀受力；

③当管涵为无混凝土（或砌体）基础、管体直接设置在天然地基上时，应按照设计要求将管底土层夯压密实，并做成与管身弧度密贴的弧形管座，安装管节时应注意保持完整，管底土层承载力不符合设计要求时，应按规范要求进行处理，并加固；

④管涵的沉降缝应设在管节接缝处；

⑤管涵进、出水口的沟床应整理直顺，与上、下游导流排水系统的连接应顺畅、稳固；

⑥采用预制管埋设的管涵施工，应符合现行国家标准《给水排水管道工程施工及验收规范》（GB 50268—2008）的有关规定；

⑦管涵出入端墙、翼墙应符合现行国家标准《给水排水构筑物工程施工及验收规范》（GB 50141—2008）的规定。

拱形涵、盖板涵施工要点如下：

①与路基（土方）同步施工的拱形涵、盖板涵可分为预制拼装钢筋混凝土结构，现场浇注钢筋混凝土结构，砌筑墙体、预制或现浇钢筋混凝土混合结构等结构形式；

②依据道路施工流程可采取整幅施工或分幅施工，分幅施工时，临时道路宽度应满足现况交通的要求且边坡稳定，需支护时，应在施工前对支护结构进行施工设计；

③挖方区的涵洞基槽开挖应符合设计要求且边坡稳定，填方区的涵洞应在填土至涵洞基地标高后及时进行结构施工；

④遇有地下水时，应先将地下水降至基底以下 500 mm 方可施工，应连续进行直至工程完成到地下水位 500 mm 以下且具有抗浮及防渗漏能力时，方可停止；

⑤涵洞地基承载力必须符合设计要求，并应经检验确认合格；

⑥拱圈和拱上端墙应由两侧向中间同时对称施工；

⑦涵洞两侧回填土应在主结构防水层的保护层完成，且保护层砌筑砂浆强度达到 3 Mpa 后方可进行，回填时两侧应对称进行，高差不宜超过 300 mm；

⑧伸缩缝、沉降缝的止水带安装应位置准确、牢固，缝宽及填缝材料应符合要求；

⑨为涵洞服务的地下管线应与主体结构同步配合进行。

（2）箱涵顶进施工

当新建道路下穿铁路、公路、城市道路路基施工时，通常采用箱涵顶进施工技术。

箱涵顶进的准备工作如下：

作业条件：现场具备"三通一平"条件，满足施工方案设计要求；完成线路加固工作和既有线路监测的测点布置；完成工作坑作业范围内的地上构筑物、地下管线调查，并进行改移或采取保护措施；工程降水（如需要）达到设计要求。

机械设备、材料：按计划进场，并完成验收。

技术准备：施工组织设计已获批准，施工方法、施工顺序已经确定；全体施工人员进行培训、技术安全交底；完成施工测量放线。

箱涵顶进施工的工艺流程：现场调查—工程降水—工作坑开挖—后背制作—滑板制作—铺设润滑隔离层—箱涵制作—顶进设备安装—既有线加固—箱涵试顶进—吃土顶进—监控量测—箱体就位—拆除加固设施—拆除后背及顶进设备—工作坑恢复。

箱涵顶进前的检查工作如下：

①箱涵主体结构混凝土强度达到设计强度，防水层及保护层按设计完成；

②路基下地下水位已降至基底 500 mm 以下，宜避开雨期施工，若在雨期施工，则必须做好防洪及防雨排水工作；

③后背施工、线路加固达到施工方案要求，顶进设备及施工机械符合要求；

④顶进设备液压系统安装及预顶试验结果符合要求；

⑤工作坑内与顶进无关人员、材料、物品及设施撤出现场；

⑥所穿越的线路管理部门的配合人员、抢修设备、通信器材准备完毕。

箱涵顶进启动时的注意事项如下：

①启动时，现场必须有主管施工的技术人员统一指挥；

②液压泵站应空转一段时间，检查系统、电源、仪表无异常情况后试顶；

③液压千斤顶顶紧后（顶力在 0.1 倍结构自重），应暂停加压，检查顶进设备、后背和各部位，无异常时可分级加压试顶；

④每当油压升高 5～10 MPa 时，须停泵观察，应严密监控顶镐、顶柱、后背、滑板、箱涵结构等部位的变形情况，如发现异常情况，立即停止顶进，找出原因、采取措施解决后方可重新加压顶进；

⑤当顶力达到 0.8 倍结构自重时，箱涵未启动，应立即停止顶进，找出原因、采取措施解决后方可重新加压顶进；

⑥箱涵启动后，应立即检查后背、工作坑周围土体的稳定情况，无异常情况方可继续顶进。

顶进挖土的注意事项如下：

①根据桥涵的净空尺寸、土质概况，可采取人工挖土或机械挖土的方式，宜选用小型反铲按设计坡度开挖，每次开挖进尺 0.4～0.8 m，配装载机或直接用挖掘机装汽车出土，侧墙刃脚切土及底板前清土须由人工配合，挖土顶进应三班连续作业，不得间断；

②两侧应欠挖 50 mm，钢刃脚切土顶进，当属斜交涵时，前端锐角一侧清土困难应优先开挖，如没有中刃脚时则应紧切土前进，使上下两层隔开，不得挖通，平台上不得积存土料；

③列车通过时严禁继续挖土，人员应撤离开挖面，当挖土或顶进过程中发生塌方，影响行车安全时，应迅速组织抢修加固，进行有效防护；

④挖土工作应与观测人员密切配合，随时根据桥涵顶进轴线和高程偏差采取纠偏措施。

顶进作业的注意事项如下：

①每次顶进应检查液压系统、顶柱（铁）安装和后背变化情况等；

②挖运土方与顶进作业循环交替进行，每前进一顶程即应切换油路，并将顶进千斤顶活塞回复原位，按顶进长度补放小顶铁，更换长顶铁，安装横梁；

③桥涵身每前进一顶程，应观测轴线和高程，发现偏差及时纠正；

④箱涵吃土顶进前应及时调整箱涵的轴线和高程；在铁路路基下吃土顶进，不宜对箱涵做较大的轴线、高程调整动作。

监控与检查的注意事项如下：

①桥涵顶进前，应测定箱涵原始（预制）位置的里程、轴线及高程原始数据并记录，顶进过程中每一顶程要观测并记录各观测点左、右偏差值，高程偏差值和顶程及总进尺，观测结果要及时报告现场指挥人员，用于控制和校正；

②桥涵自启动起，在顶进全过程的每一个顶程中，应详细记录千斤顶的开动数量、位置，油泵压力表读数，总顶力及着力点等，如出现异常则应立即停止顶进，检查分析原因，采取措施处理后方可继续顶进；

③桥涵顶进过程中，每天应定时观测箱涵底板上设置的观测标钉的高程，计算相对高差，分析结构竖向变形，对中边墙应测定竖向弯曲，当底板侧墙出现较大变位及转角时应及时分析、研究并采取措施；

④顶进过程中要定期观测箱涵裂缝及开展情况，重点监测底板、顶板、中边墙，中继间牛腿或剪力铰以及顶板前、后悬臂板，发现问题应及时采取措施。

季节性施工技术措施如下：

①箱涵顶进应尽可能避开雨期，需在雨期施工时，应在汛期之前对拟穿越的路基、工作坑边坡等采取切实有效的防护措施；

②雨期施工时应做好地面排水工作，工作坑周边应设置挡水围堰、排（截）水沟等，防止地面水流入工作坑；

③雨期开挖工作坑（槽）时，应注意保持边坡稳定，必要时可适当放缓边坡坡度或设置支撑，并经常对边坡、支撑进行检查，发现问题要及时处理；

④冬雨期现浇箱涵时，场地上空宜搭设固定或活动的作业棚，以免受天气

影响；

⑤冬雨期施工应确保混凝土入模温度满足规范规定或设计要求。

二、城镇道路基层施工

（一）不同无机结合料稳定基层特性

基层是路面结构中直接位于面层下的承重层，基层的材料与施工质量是影响路面使用性能和使用寿命的关键因素。目前，城镇道路施工大量采用结构较密实、孔隙率较小、透水性较弱、水稳性较好、适于机械化施工、技术经济较合理的水泥、石灰及工业废渣等稳定材料作路面基层，通常称之为无机结合料稳定基层。无机结合料稳定基层是一种半刚性基层。

1.石灰稳定土类基层

石灰稳定土有良好的板体性，但其水稳性、抗冻性以及早期强度不如水泥稳定土。石灰土的强度随龄期增长，并与养护温度密切相关，温度低于 5 ℃时强度几乎不增长。

石灰稳定土的干缩特性和温缩特性十分明显，且都会导致裂缝。与水泥土一样，由于其收缩裂缝问题严重，强度未充分形成时表面会遇水软化以及表面容易产生唧浆冲刷等现象，石灰稳定土已被严格禁止用于高级路面的基层，只能用作高级路面的底基层。

2.水泥稳定土基层

水泥稳定土有良好的板体性，其水稳性和抗冻性都比石灰稳定土好。水泥稳定土的初期强度高，其强度随龄期增长。但水泥稳定土在暴露条件下容易干缩，低温时会冷缩，从而导致裂缝。

水泥稳定细粒土（简称水泥土）的干缩系数、干缩应变系数及温缩系数都明显大于水泥稳定粒料，水泥土产生的收缩裂缝会比水泥稳定粒料的裂缝大得多；水泥土强度没有充分形成时，表面遇水会软化，导致沥青面层龟裂；水泥土的抗冲刷能力差，当水泥土表面遇水后，容易产生唧浆冲刷现象，导致路面有裂缝、下陷，并逐渐扩展。因此，水泥土也只用作高级路面的底基层。

3.石灰工业废渣稳定土基层

在石灰工业废渣稳定土中，应用最多、最广的是石灰粉煤灰类的稳定土，简称二灰稳定土，其特性在石灰工业废渣稳定土中具有典型性。

二灰稳定土有良好的力学性能、板体性、水稳性和一定的抗冻性，其抗冻性能比石灰土强得多。

二灰稳定土早期强度较低，但其强度会随龄期增长，并与养护温度密切相关，温度低于 4 ℃时强度几乎不增长；二灰稳定土中的粉煤灰用量越多，早期强度越低。

二灰稳定土也具有明显的收缩特性，但小于水泥土和石灰土，也被禁止用于高级路面的基层，只能作为底基层。二灰稳定粒料可用于高级路面的基层与底基层。

（二）城镇道路基层施工技术

1.石灰稳定土基层与水泥稳定土基层

（1）材料与拌合

①石灰、水泥、土、拌合用水等原材料应进行检验，符合要求后方可使用，并严格按照标准规定进行材料配比设计；

②城区施工应采用厂拌（异地集中拌合）的方式，不得使用路拌方式，以保证配合比准确，且达到文明施工要求；

③应根据原材料含水量变化、骨料的颗粒组成变化，及时调整拌合用水量；

④稳定土拌合前，应先筛除骨料中不符合要求的粗颗粒；

⑤宜用强制式拌合机进行拌合，拌合应均匀。

（2）运输与摊铺

①拌成的稳定土应及时运送到铺筑现场；

②运输中应采取防止水分蒸发和防扬尘措施；

③宜在春末和气温较高的季节施工，施工最低气温为 5 ℃；

④厂拌石灰土摊铺时路床应保持湿润；

⑤雨期施工应防止石灰、水泥和混合料淋雨，降雨时应停止施工，已摊铺的应尽快碾压密实。

（3）压实与养护

①压实系数应经试验确定；

②摊铺好的稳定土应当天碾压成活，碾压时的含水量宜在最佳含水量的±2%范围内；

③直线和不设超高的平曲线段，应由两侧向中心碾压，设超高的平曲线段，应由内侧向外侧碾压，纵、横接缝（槎）均应设直槎，纵向接缝宜设在路中线处，横向接缝应尽量减少；

④压实成活后应立即洒水（或覆盖）养护，保持湿润，直至上部结构施工为止；

⑤稳定土养护期应封闭交通。

2.石灰工业废渣（石灰粉煤灰）稳定砂砾（碎石）基层

（1）材料与拌合

①对石灰、粉煤灰等原材料应进行质量检验，符合要求后方可使用；

②按规范要求进行混合料配合比设计，使其符合设计与检验标准的要求；

③采用厂拌（异地集中拌合）方式，且宜采用强制式拌合机拌制，配料应准确，拌合应均匀；

④拌合时应先将石灰、粉煤灰等拌合均匀，再加入砂砾（碎石）和水均匀拌合；

⑤混合料含水量宜略大于最佳含水量，混合料含水量应视气候条件适当调整，使运到施工现场的混合料含水量接近最佳含水量。

（2）运输与摊铺

①运输中应采取防止水分蒸发和防扬尘措施；

②应在春末和夏季组织施工，施工期的日最低气温应为 5 ℃，并应在第一次重冰冻（-5～-3 ℃）到来之前一个月到一个半月内完成。

（3）压实与养护

①混合料施工时，应在摊铺时根据试验确定的松铺系数控制虚铺厚度，混合料每层最大压实厚度应为 200 mm，且不宜小于 100 mm；

②碾压时采用先轻型、后重型压路机碾压；

③禁止用薄层贴补的方法进行找平；

④混合料的养护宜采用湿养，始终保持表面潮湿，也可采用沥青乳液和沥青下封层进行养护，养护期为 7～14 d。

3.级配砂砾（碎石）、级配砾石（碎砾石）基层

（1）材料与拌合

级配砂砾基层、级配砾石基层所用原材料的压碎值、含泥量及细长扁平颗粒含量等技术指标应符合规范要求，颗粒范围也应符合有关规范的规定。采用厂拌方式和强制式拌合机拌制，应符合级配要求。

（2）运输与摊铺

①运输中应采取防止水分蒸发和防扬尘措施；

②宜采用机械摊铺且厂拌级配碎石，级配砂砾应摊铺均匀一致，出现粗、细骨料离析（"梅花""砂窝"）现象时，应及时翻拌均匀；

③两种基层材料的压实系数均应通过试验确定，每层应按虚铺厚度一次铺齐，颗粒分布应均匀，厚度一致，不得多次找补。

（3）压实与养护

①碾压前和碾压中应先洒适量的水；

②控制碾压速度，碾压至轮迹不大于 5 mm，表面平整、坚实；

③可采用沥青乳液和沥青下封层进行养护，养护期为 7～14 d；

④未铺装面层前不得开放交通。

4.土工合成材料及其应用

（1）分类和作用

土工合成材料可分为土工织物、土工膜、特种土工合成材料和复合型土工合成材料等类型。

土工合成材料可设置于岩土或其他工程结构内部、表面或各结构层之间，具有加筋、防护、过滤、排水、隔离等功能，应用时应按照其在结构中发挥的不同功能进行选型和设计。

（2）工程应用

路堤加筋。采用土工合成材料加筋，以提高路堤的稳定性。

台背路基填土加筋。采用土工合成材料对台背路基填土加筋的目的是减少路基与构造物之间的不均匀沉降。

路面裂缝防治。土工合成材料，如玻纤网、土工织物，铺设于旧沥青路面、旧水泥混凝土路面的沥青加铺层底部或新建道路沥青面层底部，可减少或延缓由旧路面对沥青加铺层的反射裂缝，或半刚性基层对沥青面层的反射裂缝。土工织物应能耐170℃以上的高温。可用土工合成材料和沥青混凝土面层对旧沥青路面裂缝进行防治，首先要对旧路进行外观评定和弯沉值测定，进而确定旧路处理和新料加铺方案。施工要点如下：旧路面清洁与整平，土工合成材料张拉、搭接和固定，洒布沥青粘层油，按设计或规范规定铺筑新沥青面层。旧水泥混凝土路面裂缝处理要点如下：对旧水泥混凝土路面进行评定；旧路面清洁和整平，土工合成材料张拉、搭接和固定，洒布沥青粘层油，铺沥青面层。为防止新建道路的半刚性基层养护期的收缩开裂，应将土工合成材料置于半刚性基层与下封层之间，以防止裂缝反射到沥青面层上。施工方法同旧沥青面裂缝防治。

路基防护。路基防护主要包括：坡面防护——防护易受自然因素影响而破坏的土质或岩石边坡；冲刷防护——防止水流对路基的冲刷与淘刷。

三、城镇道路面层施工

（一）沥青混合料面层施工

1.施工准备

（1）透层与粘层

①沥青混合料面层施工应在基层表面喷洒透层油，在透层油完全深入基层后方可铺筑面层；

②双层式或多层式热拌热铺沥青混合料面层之间应喷洒粘层油，或在水泥混凝土路面、沥青稳定碎石基层、旧沥青路面上加铺沥青混合料时，应在既有结构、路缘石和检查井等构筑物与沥青混合料层连接面喷洒粘层油；

③强制性条文规定：沥青混合料面层不得在雨雪天气及环境最高温度低于5 ℃时施工。

（2）运输与布料

①为防止沥青混合料黏结运料车车厢板，装料前应喷洒一薄层隔离剂或防黏结剂，运输中沥青混合料上宜用篷布覆盖保温、防雨和防污染；

②运料车轮胎上不得沾有泥土等可能污染路面的脏物，施工时发现沥青混合料不符合施工温度要求或结团成块、已遭雨淋现象不得使用；

③应按施工方案安排运输和布料，摊铺机前应有足够的运料车等候，对于高等级道路，开始摊铺前等候的运料车宜在 5 辆以上；

④运料车应在摊铺机前 100～300 mm 外空档等候，被摊铺机缓缓顶推前进并逐步卸料，避免撞击摊铺机，每次卸料必须倒净，如有余料应及时清除，防止硬结。

2.摊铺作业

（1）机械施工

①热拌沥青混合料应使用履带式或轮胎式沥青摊铺机进行摊铺，摊铺机的

受料斗应涂刷薄层隔离剂或防黏结剂；

②铺筑高等级道路沥青混合料时，1 台摊铺机的铺筑宽度不宜超过 6（双车道）～7.5 m（三车道以上），通常采用 2 台或多台摊铺机前后错开 10～20 m 呈梯队方式同步摊铺，两幅之间应有 30～60 mm 的搭接，并应避开车道轮迹带，上下层搭接位置宜错开 200 mm 以上；

③摊铺机开工前应提前预热熨平板，使其温度不低于 100 ℃，铺筑时应选择适宜的熨平板振捣，以提高路面初始压实度；

④摊铺机必须缓慢、均匀、连续不间断地摊铺，不得随意变换速度或中途停顿，以提高面层的平整度、减少沥青混合料的离析现象，摊铺速度宜控制为 2～6 m/min，当发现沥青混合料出现明显的离析、波浪、裂缝、拖痕时，应分析原因，予以及时消除；

⑤摊铺机应采用自动找平的方式，下面层宜采用钢丝绳引导的高程控制方式，上面层宜采用平衡梁或滑靴并辅以厚度控制的方式摊铺；

⑥应根据铺筑层厚度、气温、风速及下卧层表面温度确定热拌沥青混合料的最低摊铺温度，并按现行规范要求执行，比如铺筑普通沥青混合料，下卧层的表面温度为 15～20 ℃，铺筑层厚度分别为小于 50 mm、50 mm 至 80 mm、大于 80 mm 时，最低摊铺温度分别为 140 ℃、135 ℃、130 ℃；

⑦应根据试铺试压确定沥青混合料的松铺系数，随时检查铺筑层厚度、路拱及横坡，并辅以使用的沥青混合料总量与面积校验平均厚度；

⑧摊铺机的螺旋布料器转动速度与摊铺速度应保持均衡，为减少摊铺中沥青混合料的离析现象，布料器两侧应保持有不少于送料器 2/3 高度的混合料；

⑨摊铺的混合料，不宜用人工反复修整。

（2）人工施工

①在不具备机械摊铺条件的情况下，可采用人工摊铺作业；

②半幅施工时，路中一侧宜预先设置挡板，摊铺时应扣锹布料，不得扬锹远甩，边摊铺边整平，严防骨料离析，摊铺不得中途停顿，要尽快碾压。低温施工时，卸下的沥青混合料应覆盖篷布保温。

3.压实成型与接缝

（1）压实成型

沥青路面施工应配备足够数量、状态完好的压路机，选择合理的压路机组合方式，根据摊铺完成的沥青混合料温度情况严格控制初压、复压、终压（包括成型）时机。压实层最大厚度不宜大于 100 mm，各层应符合压实度及平整度的要求。

碾压速度要慢，应符合规范要求的压路机碾压速度，且碾压要均匀。压路机的碾压温度应根据沥青和沥青混合料种类、压路机型号、气温、层厚等因素，经等因素试压试验确定。

初压宜采用钢轮压路机静压 1～2 遍。碾压时应将压路机的驱动轮面向摊铺机，从外侧向中心碾压；在超高路段和坡道上则应由低处向高处碾压。复压应紧跟在初压后开始，不得随意停顿。碾压路段总长度不超过 80 m。

密级配沥青混合料复压宜优先采用重型轮胎压路机进行碾压，以增加密水性，其总质量不宜小于 25 t。相邻碾压带应重叠 1/3～1/2 轮宽。对以粗骨料为主的混合料，宜优先采用振动压路机复压（厚度宜大于 30 mm），振动频率宜为 35～50 Hz，振幅宜为 0.3～0.8 mm。层厚较大时宜采用高频大振幅，厚度较薄时宜采用低振幅，以防止骨料破碎。相邻碾压带宜重叠 100～200 mm。当采用三轮钢筒式压路机时，总质量不小于 12 t，相邻碾压带宜重叠后轮的 1/2 轮宽，并不应小于 200 mm。

终压应紧接在复压后进行。终压应选用双轮钢筒式压路机或关闭振动的振动压路机，碾压不宜少于两遍，至无明显轮迹为止。为防止沥青混合料粘轮，对压路机钢轮可涂刷隔离剂或防黏结剂，严禁刷柴油，亦可向碾轮喷淋少量含表面活性剂的雾状水。

压路机不得在未碾压成型路段上转向、掉头、加水或停留。在当天成型的路面上，不得停放各种机械设备或车辆，不得散落矿料、油料及杂物。

（2）接缝

沥青混合料路面接缝必须紧密、平顺。上、下层的纵缝应错开 150 mm（热接缝）或 300～400 mm（冷接缝）以上。相邻两幅及上、下层的横向接缝均应错位 1 m 以上。应采用 3 m 直尺检查，确保平整度达到要求。

采用梯队作业摊铺时应选用热接缝，将已铺部分留下 100～200 mm 宽，暂不碾压，作为后续部分的基准面，然后跨缝压实。如半幅施工采用冷接缝时，宜加设挡板或将先铺的沥青混合料刨出毛槎，涂刷粘层油后再铺新料，新料重叠在已铺层上 50～100 mm，软化下层后铲走，再进行跨缝压密挤紧。

高等级道路的表面层横向接缝应采用垂直的平接缝，以下各层和其他等级的道路的各层可采用斜接缝。平接缝宜采用机械切割或人工刨除层厚不足部分，使工作缝成直角连接。清除切割时留下的泥水，干燥后涂刷粘层油，铺筑新混合料时应使接槎软化，压路机先进行横向碾压，再纵向充分压实，连接平顺。

4.开放交通

《城镇道路工程施工与质量验收规范》强制性条文规定：热拌沥青混合料路面应待摊铺层自然降温至表面温度低于 50 ℃后，方可开放交通。

（二）改性沥青混合料面层施工

改性沥青混合料面层的施工主要包括生产和运输、摊铺、压实、成型、接缝、开放交通等步骤。

1.生产和运输

（1）生产

改性沥青混合料的生产除遵照普通沥青混合料生产要求外，还应注意以下几点。

改性沥青混合料生产温度应根据改性沥青品种、黏度、气候条件、铺装层的厚度确定，改性沥青混合料的正常生产温度应根据实践经验选择。通常宜较普通沥青混合料的生产温度提高 10～20 ℃。

改性沥青混合料宜采用间歇式拌合设备生产，这种设备除尘系统完善，能达到环保要求；给料仓数量较多，能满足配合比设计配料要求，且具有添加纤维等外掺料的装置。

改性沥青混合料拌合时间应根据具体情况试拌后确定，以沥青均匀包裹骨料为度。间歇式拌合机每盘的生产周期不宜少于 45 s（其中干拌时间不少于 5～10 s）。改性沥青混合料的拌合时间应适当延长。

间歇式拌台机宜备有保温性能好的成品储料仓，贮存过程中混合料温降不得大于 10 ℃，且具有沥青滴漏功能。改性沥青混合料贮存时间不宜超过 24 h；SMA 只限当天使用；OGFC 宜随拌随用。

添加纤维的沥青混合料，纤维必须在混合料中充分分散，拌合均匀。拌合机应配备同步添加投料装置，可在喷入沥青的同时或稍后采用风送装置将松散的絮状纤维喷入拌合锅，拌合时间宜延长 5 s 以上；颗粒纤维可在粗骨料投入的同时自动加入，经 5～10 s 的干拌后再投入矿粉。

使用改性沥青时应随时检查沥青泵、管道、计量器是否被堵，堵塞时应及时清洗。

（2）运输

改性沥青混合料运输应按照普通沥青混合料运输要求执行，此外还应做到：运料车卸料必须倒净，如有粘在车厢板上的剩料必须及时清除，防止硬结；在运输、等候过程中，如发现有沥青结合料滴漏时，应采取措施纠正。

2.施工

（1）摊铺

改性沥青混合料的摊铺在满足普通沥青混合料摊铺要求外，还应做到：在喷洒有粘层油的路面上铺筑改性沥青混合料时，宜使用履带式摊铺机；摊铺机的受料斗应涂刷薄层隔离剂或防黏结剂；SMA 施工温度应经试验确定，一般情况下，摊铺温度不低于 160 ℃。

摊铺机必须缓慢、均匀、连续不间断地摊铺，不得随意变换速度或中途停顿，以提高面层平整度，减少混合料的离析现象。改性沥青混合料的摊铺速度宜放慢至 1～3 m/min。当发现混合料有明显的离析、波浪、裂缝、拖痕时，应分析原因，予以及时排除。摊铺系数应通过试验获得，一般情况下改性沥青混合料的压实系数在 1.05 左右。

摊铺机应采用自动找平方式，中、下面层宜采用钢丝绳或铝合金导轨引导的高程控制方式，铺筑改性沥青混合料和 SMA 路面时宜采用非接触式平衡梁。

（2）压实与成型

改性沥青混合料除执行普通沥青混合料的压实成型要求外，还应做到：初压开始温度不低于 150 ℃，碾压终了的表面温度不低于 90 ℃。

摊铺后应紧跟碾压，保持较短的初压区段，使混合料碾压温度不致降得过低。碾压时应将压路机的驱动轮面向摊铺机，从路外侧向中心碾压。在超高路段则由低向高碾压，在坡道上应使驱动轮从低处向高处碾压。

改性沥青混合料路面宜使用振动压路机或钢筒式压路机碾压，不宜使用轮胎压路机碾压。OGFC 宜使用不超过 12 t 的钢筒式压路机碾压。

振动压路机应遵循"紧跟、慢压、高频、低幅"的原则，即紧跟在摊铺机后面，采取高频率、低振幅的方式慢速碾压。这也是保证路面平整度和密实度的关键。如发现 SMA 高温碾压有推拥现象，应复查其级配是否合适。不得采用轮胎压路机碾压，以防沥青混合料被搓擦挤压上浮，造成构造深度降低或泛油。

施工过程中应密切注意 SMA 碾压产生的压实度变化，以防止过度碾压。

（3）接缝

改性沥青混合料路面冷却后很坚硬，冷接缝处理很困难，因此应尽量避免出现冷接缝。

摊铺时应保证运料车充足，以满足摊铺的需要，使纵向接缝成为热接缝。在摊铺特别宽的路面时，可在边部设置挡板。在处理横接缝时，应在当天改性沥青混合料路面施工完成后，在其冷却之前，垂直切割端部不平整及厚度不符合要求的部分（先用 3 m 直尺进行检查），并冲净、进行干燥处理，第二天涂刷粘层油，再铺新料。其他接缝做法执行普通沥青混合料路面施工的要求。

3.开放交通及其他

热拌改性沥青混合料路面开放交通的条件应与热拌沥青混合料路面的有关规定一致。需要提早开放交通时，可洒水冷却，降低混合料的温度。

改性沥青路面的雨期施工应做到：密切关注气象预报及天气变化，保持现场、沥青拌合厂及气象台站之间气象信息的沟通，控制施工摊铺段长度，各项工序紧密衔接。运料车和工地应备有防雨设施，并做好基层及路肩排水的准备。

改性沥青面层施工应严格控制开放交通的时机。做好成品保护，保持整洁，不得造成污染，严禁在改性沥青面层上堆放施工产生的土或杂物，严禁在已完成的改性沥青面层上制作水泥砂浆等，严禁可能污染成品的其他作业。

（三）水泥混凝土路面施工

水泥混凝土路面的施工技术，包括普通混凝土的配合比设计、搅拌、运输、浇筑施工、接缝设置及养护等。

1.混凝土配合比设计、搅拌和运输

（1）混凝土配合比设计

混凝土的配合比设计在兼顾技术经济性的同时应满足抗弯强度、工作性、耐久性三项指标要求；符合《城镇道路工程施工与质量验收规范》的有关规定。

根据《公路水泥混凝土路面设计规范》（JTG D40—2011）的规定，并按统计数据得出的变异系数、试验样本的标准差，保证率系数确定配制 28 d 弯拉强度值。不同摊铺方式混凝土最佳工作性范围及最大用水量、混凝土含气量、混凝土最大水灰比和最小单位水泥用量应符合规范要求，严寒地区路面混凝土抗冻等级不宜小于 F250，寒冷地区不宜小于 F200。混凝土外加剂的使用应符合：高温施工时，混凝土拌合物的初凝时间不得小于 3 h，低温施工时，终凝时间不得大于 10 h；外加剂的掺量应由混凝土试配试验确定；当引气剂与减水剂或高效减水剂等外加剂复配在同一水溶液中时，不得发生絮凝现象。

混凝土配合比参数的计算应符合下列要求：

①水灰比的确定应按《公路水泥混凝土路面设计规范》的经验公式进行计算，并在满足弯拉强度计算值和耐久性两者要求的水灰比中取小值；

②应根据砂的细度模数和粗骨料种类按设计规范查表确定砂率；

③根据粗骨料种类和适宜的坍落度，按规范的经验公式计算单位用水量，并取计算值和满足工作性要求的最大单位用水量两者中的小值；

④根据水灰比计算确定单位水泥用量，并取计算值与满足耐久性要求的最小单位水泥用量中的大值；

⑤可按密度法或体积法计算砂石料用量；

⑥必要时可采用正交试验法进行配合比优选；

⑦按照以上方法确定的普通混凝土配合比、钢纤维混凝土配合比，应在试验室内经试配检验弯拉强度、坍落度、含气量等配合比设计的各项指标，从而依据结果进行调整，并用试验段进行验证。

（2）搅拌

搅拌设备应优先选用间歇式拌合设备，并在投入生产前进行标定和试拌，搅拌机配料计量偏差应符合规范规定。结合拌合物的黏聚性、均质性及强度稳定性，经试拌确定最佳拌合时间。单立轴式搅拌机总拌合时间宜为 80～120 s，全部材料到齐后的最短纯拌合时间不宜短于 40 s；行星立轴和双卧轴式搅拌机总拌合时间为 60～90 s，最短纯拌合时间不宜短于 35 s；连续双卧轴搅拌机最短拌合时间不宜短于 40 s。

搅拌过程中，应对拌合物的水灰比及稳定性、坍落度及均匀性、坍落度损失率、振动粘度系数、含气量、泌水率、视密度、离析等项目进行检验与控制，均应符合质量标准的要求。钢纤维混凝土的搅拌应符合《城镇道路工程施工与质量验收规范》的有关规定。

（3）运输

应根据施工进度、运量、运距及路况，选配车型和车辆总数。不同摊铺工艺的混凝土拌合物从搅拌机出料到运输、铺筑完成的允许最长时间应符合规定。例如，施工气温为 10～19 ℃时，滑模、轨道机械施工 2.0 h，三辊轴机组、小型机具施工 1.5 h；施工气温为 20~29 ℃时，滑模、轨道机械施工 1.5 h，三辊轴机组、小型机具施工 1.25 h；施工气温为 30～35 ℃时，滑模、轨道机械施工 1.25 h，三辊轴机组、小型机具施工 1.0 h。

2.施工流程

（1）模板

宜使用钢模板，钢模板应顺直、平整，每 1 m 设置 1 处支撑装置。如采用木模板，应质地坚实，变形小，无腐朽、扭曲、裂纹，且用前须浸泡；木模板直线部分板厚不宜小于 50 mm，每 0.8～1 m 设 1 处支撑装置；弯道部分板厚宜为 15～30 mm，每 0.5～0.8 m 设 1 处支撑装置，模板与混凝土接触面及模板顶面应刨光。模板制作偏差应符合规范要求。

模板安装应符合：支模前应核对路面标高、面板分块、胀缝和构造物位置；模板应安装稳固、顺直、平整、无扭曲，相邻模板连接应紧密平顺，不得错位；严禁在基层上挖槽嵌入模板；使用轨道摊铺机应采用专用钢制轨模；模板安装完毕，应进行检验合格方可使用；模板安装检验合格后表面应涂脱模剂或隔离剂，接头应粘贴胶带或塑料薄膜等密封材料。

（2）钢筋设置

钢筋安装前应检查其原材料品种、规格与加工质量，确认符合设计要求与规范规定；钢筋网、角隅钢筋等安装应牢固、位置准确。钢筋安装后应进行检查，合格后方可使用；传力杆安装应牢固、位置准确。

（3）摊铺与振动

三辊轴机组铺筑混凝土面层时，辊轴直径应与摊铺层厚度匹配，且必须同时配备一台安装插入式振捣器组的排式振捣机。当面层铺装厚度小于 150 mm 时，可采用振捣梁；当一次摊铺双车道面层时，应配备纵缝拉杆插入机，并配有插入深度控制和拉杆间距调整装置。

铺筑时卸料应均匀，布料应与摊铺速度相适应；设有纵缝、缩缝拉杆的混凝土面层，应在面层施工中及时安设拉杆；三辊轴整平机分段整平的作业单元长度宜为 20～30 m，振捣机振实与三辊轴整平工序之间的时间间隔不宜超过

15 min；在一个作业单元长度内，应采用前进振动、后退静滚的方式作业，最佳滚压遍数应经过试铺段确定。

采用轨道摊铺机铺设时，最小摊铺宽度不宜小于 3.75 m，并选择适宜的摊铺机；坍落度宜控制在 20～40 mm，根据路面处于不同坍落度时的松铺系数计算松铺高度；轨道摊铺机应配备振捣器组，当面板厚度超过 150 mm，坍落度小于 30 mm 时，必须插入振捣；轨道摊铺机应配备振动梁或振动板，对混凝土表面进行振捣和修整，使用振动板振动提浆饰面时，提浆厚度宜控制在（4±1） mm；面层表面整平时，应及时清除余料，用抹平板完成表面整修。

采用人工摊铺混凝土施工时，松铺系数宜控制在 1.10～1.25；摊铺厚度达到混凝土板厚的 2/3 时，应拔出模内钢钎，并填实钎洞；混凝土面层分两次摊铺时，上层混凝土的摊铺应在下层混凝土初凝前进行，且下层厚度宜为总厚度的 3/5；混凝土摊铺应与钢筋网、传力杆及边缘角隅钢筋的安放相配合；一块混凝土板应一次连续浇筑完毕。

（4）接缝

普通混凝土路面的胀缝应设置胀缝补强钢筋支架、胀缝板和传力杆。胀缝应与路面中心线垂直；缝壁必须垂直；缝宽必须一致，缝中不得连浆。缝上部灌填缝料，下部设置胀缝板和安装传力杆。

传力杆的固定安装方法有两种。一种是端头木模固定传力杆安装方法，宜用于混凝土板不连续浇筑时设置的胀缝。传力杆长度的一半应穿过端头挡板，固定于外侧定位模板中。混凝土拌合物浇筑前应检查传力杆位置。浇筑时，应先摊铺下层混凝土拌合物，并用插入式振捣器振实，并应在校正传力杆位置后，再浇筑上层混凝土拌合物。浇筑邻板时应拆除端头木模，并应设置胀缝板、木制嵌条和传力杆套管。胀缝宽 20～25 mm，使用沥青或塑料薄膜滑动封闭层时，胀缝板及填缝宽度宜加宽到 25～30 mm。传力杆一半以上长度的表面应涂防黏涂层。另一种是支架固定传力杆安装方法，宜用于混凝土板连续浇筑时设置的胀缝。传力杆长度的一半应穿过胀缝板和端头挡板，并应采用钢筋支架固定就位。浇筑时，应先检查传力杆位置，再在胀缝两侧前置摊铺混凝土拌合物至板面，振捣密实后，抽出端头挡板，空隙部分填补混凝土拌合物，并用插入式振捣器振实。宜在混凝土未硬化时，剔除胀缝板上的混凝土，嵌入（20～25）mm×20 mm 的木条，整平表面。胀缝板应连续贯通整个路面板宽度。

横向缩缝采用切缝机施工，切缝方式有全部硬切缝、软硬结合切缝和全部软切缝三种。应从施工期间混凝土面板摊铺完毕到切缝时的昼夜温差确定切缝方式。如温差小于 10 ℃，最长时间不得超过 24 h，硬切缝为板厚的 1/5～1/4。温差为 10～15 ℃时，软硬结合切缝，软切深度不应小于 60mm，不足者应硬切补深到板厚的 1/3。温差大于 15 ℃时，宜全部使用软切缝，抗压强度等级应为 1～1.5 MPa，人可行走。软切缝不宜超过 6 h。软切深度应大于等于 60 mm，未断开的切缝，应硬切补深（不小于板厚的 1/4）。对已插入拉杆的纵向伸缩缝，切缝深度不应小于板厚的 1/4～1/3，最浅切缝深度不应小于 70 mm，纵横缩缝宜同时切缝。缩缝切缝宽度控制在 4～6 mm，填缝槽深度宜为 25～30 mm，宽度宜为 7～10 mm。纵缝施工缝有平缝、企口缝等形式。

混凝土板养护期满后应及时灌缝。灌填缝料前，应清除缝中的砂石、凝结的泥浆等，杂物等应冲洗干净。缝壁必须干燥、清洁。缝料灌注深度宜为 15～20 mm，热天施工时缝料宜与板面持平，冷天施工时缝料应填为凹液面，中心宜低于板面 1～2 mm。填缝必须饱满均匀、厚度一致、连续贯通，填缝料不得缺失、开裂、渗水。填缝料养护期间应封闭交通。

（5）养护

混凝土浇筑完成后应及时进行养护，可采取喷洒养护剂或保湿覆盖等方式。在雨天或养护用水充足的情况下，可采用保温膜、土工毡、麻袋、草袋、草帘等覆盖物洒水湿养护方式，不宜使用围水养护。在昼夜温差大于 10 ℃以上的地区，或日均温度低于 5 ℃地区施工的混凝土板，应采用保温养护措施。养护时间应根据混凝土弯拉强度的增长情况而定，且不宜小于设计弯拉强度的 80%，一般宜为 14～21 d。应特别注重前 7 d 的保湿（温）养护。

（6）开放交通

在混凝土达到设计弯拉强度的 40%以后，可允许行人通过。混凝土完全达到设计弯拉强度后，方可开放交通。

（四）城镇道路大修维护技术要点

1.微表处工艺

（1）工艺适用条件

对城镇道路进行大修养护时，原有路面结构应能满足使用要求，原路面的强度满足设计要求、路面基本无损坏，经微表处大修后可恢复面层的使用功能。微表处技术应用于城镇道路大修，可达到延长道路使用期的目的，且工程投资少、工期短。

微表处大修工程施工基本要求如下：

①对原有路面病害进行处理、刨平或补缝，使其符合设计要求；

②宽度大于 5 mm 的裂缝进行灌浆处理；

③路面局部破损处进行挖补处理；

④对深度 15～40 mm 的车辙可采取填充处理，对拥包（壅包）应及时进行铣刨处理；

⑤微表处混合料的质量应符合《公路沥青路面施工技术规范》的有关规定。

（2）施工流程与要求

①清除原路面的泥土、杂物；

②可采用半幅施工，施工期间不断行；

③在微表处施工时，摊铺机速度应为 1.5～3.0 km/h；

④橡胶耙人工找平，清除超大粒料；

⑤不须碾压成型，摊铺找平后必须立即进行初期养护，禁止一切车辆和行人通行；

⑥一般情况下，气温 25～30 ℃时养护 30 min，满足设计要求后，即可开放交通；

⑦在微表处施工前应安排试验段，长度不应小于 200 m，以便确定施工

参数。

2.旧路加铺沥青混合料面层工艺

（1）旧沥青路面作为基层加铺沥青混合料面层

旧沥青路面作为基层加铺沥青混合料面层时，应对原有路面进行处理、整平或补强，使其符合设计要求。

施工要点：

①符合设计强度、基本无损坏的旧沥青路面经整平后可供基层使用；

②旧沥青路面有明显的损坏，但强度能达到设计要求的，应对损坏部分进行处理；

③填补旧沥青路面时，凹坑应按高程控制、分层摊铺，每层最大厚度不宜超过 100 mm。

（2）旧水泥混凝土路作为基层加铺沥青混合料面层

旧水泥混凝土路作为基层加铺沥青混合料面层时，应对原有水泥混凝土路面进行处理、整平或补强，使其符合设计要求。

施工要点：

①对旧水泥混凝土路进行弯沉试验，经处理后方可作为基层使用；

②对旧水泥混凝土路面层与基层间的空隙，应作填充处理；

③对局部破损的原水泥混凝土路面层应剔除，并修补完好；

④对旧水泥混凝土路面层的胀缝、缩缝、裂缝应清理干净，并应采取防反射裂缝的措施。

3.加铺沥青面层技术要点

（1）面层水平变形反射裂缝预防措施

水平变形反射裂缝的产生原因是旧水泥混凝土路板体上存在接缝和裂缝，如果直接加铺沥青混凝土，在温度变化和行车荷载的作用下，水泥混凝土路面会沿着接缝和裂缝伸缩，当沥青混凝土路面的伸缩变形与其不一致时，就会在这些部位开裂——这就是反射裂缝产生的机理。因此，在旧水泥混凝土路面加铺沥青混凝土时，必须处理好反射裂缝，尽可能减少或延缓反射裂缝的出现。

在沥青混凝土加铺层与旧水泥混凝土路面之间设置应力消减层，能达到延缓和抑制反射裂缝产生的效果。

（2）面层垂直变形破坏预防措施

在大修前进行过修补的局部破损部位，在大修时应将这些破损部位彻底剔除并重新修复；不需要将板体整块凿除或重新浇筑，采用局部修补的方法即可。

使用沥青密封膏处理旧水泥混凝土板缝。沥青密封膏具有很好的黏结力和抗水平与垂直变形能力，可以有效防止雨水渗入结构而引发冻胀。施工时首先采用切缝机结合人工作业的方式剔除缝内杂物，去除所有的破碎边缘，按设计要求剔除到足够深度；其次用高压空气清除缝内灰尘，保证其洁净；再次用抗压强度等级为 M7.5 的水泥砂浆灌注板体裂缝或用防腐麻绳填实板体裂缝下半部，上部预留 7～100 mm 空间，待水泥砂浆初凝后，在砂浆表面及接缝两侧涂抹混凝土接缝黏合剂后，填充密封膏，厚度不小于 40 mm。

（3）基底处理要求

基底的不均匀垂直变形易导致原水泥混凝土路面板体局部脱空，严重脱空部位的路面会出现板体局部断裂或碎裂现象。为保证水泥混凝土路面板体的整体刚性，加铺沥青混合料面层前，必须对脱空和路面板体局部破裂处的基底进行处理，并对破损的路面板体进行修复。基底处理方法有两种：一种是换填基底材料，另一种是注浆填充脱空部位的空洞。

开挖式基底处理。对于原水泥混凝土路面局部断裂或碎裂部位，需将破坏部位凿除，换填基底并压实后，重新浇筑混凝土。这种常规的处理方法工艺简单，修复也比较彻底，但对交通影响较大，适合交通不繁忙的路段。

非开挖式基底处理。对于脱空部位的空洞，可采用从地面钻孔注浆的方法进行基底处理。这是城镇道路大修工程中使用比较广泛的方法，成功率较高。处理前应采用探地雷达进行详细探查，测出路面板体下松散、脱空的区域以及既有管线附近的沉降区域。

第六章　实践案例二：
城市桥梁施工

第一节　桥梁及桥梁测量、施工

一、桥梁

（一）桥梁的定义及相关常用术语

1.桥梁的定义

桥梁是指道路路线遇到江河湖泊、山谷深沟以及其他线路（铁路或公路）等障碍时，为了保持道路的连续性而专门建造的人工构造物。桥梁既要保证桥上的交通运行，也要保证桥下水流的宣泄、船只的通航或车辆的通行。

2.相关常用术语

净跨径：相邻两个桥墩（或桥台）之间的净距；对于拱式桥是每孔拱跨两个拱脚截面最低点之间的水平距离。

总跨径：多孔桥梁中各孔净跨径的总和，也称桥梁孔径。

计算跨径：对于具有支座的桥梁，是指桥跨结构相邻两个支座中心之间的距离；对于拱式桥，是指两相邻拱脚截面形心点之间的水平距离，即拱轴线两端点之间的水平距离。

拱轴线：拱圈各截面形心点的连线。

桥梁全长：是桥梁两端两个桥台的侧墙或八字墙后端点之间的距离，简称桥长。

桥梁高度：指桥面与低水位之间的高差，或指桥面与桥下线路路面之间的距离，简称桥高。

桥下净空高度：设计洪水位、计算通航水位或桥下线路路面至桥跨结构最下缘之间的距离。

建筑高度：桥上行车路面（或轨顶）标高至桥跨结构最下缘之间的距离。

容许建筑高度：公路或铁路定线中所确定的桥面或轨顶标高，与通航净空顶部标高之差。

净矢高：是指从拱顶截面下缘至相邻两拱脚截面下缘最低点连线的垂直距离。

计算矢高：从拱顶截面形心至相邻两拱脚截面形心连线的垂直距离。

矢跨比：计算矢高与计算跨径之比，也称拱矢度，它是反映拱桥受力特性的一个重要指标。

涵洞：用来宣泄路堤下水流的构造物，通常在建造涵洞处路堤不中断，凡是多孔跨径全长不到 8 m 和单孔跨径不到 5 m 的泄水结构物，均称涵洞。

（二）桥梁的基本组成与类型

1.桥梁的基本组成

（1）桥跨结构

桥跨结构是在线路中断时跨越障碍的主要承载结构，也叫上部结构。

（2）桥墩和桥台

桥墩和桥台是支撑桥跨结构，并将恒载和车辆等活载传至地基的构筑物，也叫下部结构。设置在桥两端的称为桥台，它除有上述作用外，还与路堤相衔接，承受路堤土压力，防止路堤填土滑坡和塌落。桥墩和桥台中使全部荷载传至地基的底部奠基部分，通常称为基础。

（3）支座

支座是在桥跨结构与桥墩或桥台的支撑处设置的传力装置。它不仅要传递很大的荷载，还要保证桥跨结构能产生一定的变位。

（4）锥形护坡

锥形护坡是在路堤与桥台衔接处设置的圬工构筑物，旨在保证迎水部分路堤边坡的稳定性。

2.桥梁的主要类型

桥梁分类的方式有很多，通常从受力特点、建桥材料、适用跨度、施工条件等方面来划分。

（1）按受力特点分

结构工程上的受力构件，总离不开拉、压、弯三种基本受力方式。由基本构件组成的各种结构物，在力学上可归结为梁式、拱式、悬吊式三种，以及它们之间的各种组合。

梁式桥。梁式桥是一种在竖向荷载作用下无水平反力的结构物。由于外力（恒载和活载）的作用方向与承重结构的轴线接近垂直，故与同样跨径的其他结构体系相比，梁内产生的弯矩最大，通常需用抗弯能力强的材料（钢、木、钢筋混凝土、预应力钢筋混凝土等）来建造。

拱式桥。拱式桥的主要承重结构是拱圈或拱肋。这种结构在竖向荷载作用下，桥墩或桥台将承受水平推力，同时这种水平推力能抵消荷载所引起的在拱圈（或拱肋）内的弯矩作用。拱桥的承重结构以受压为主，通常用抗压能力强的圬工材料（砖、石、混凝土）和钢筋混凝土等来建造。

刚架桥。刚架桥的主要承重结构是梁或板和立柱或竖墙整体结合在一起的刚架结构。梁和柱的连接处具有很大的刚性，在竖向荷载作用下，梁部主要受弯，而在柱脚处也具有水平反力，其受力状态介于梁桥和拱桥之间。同样的跨径在相同荷载作用下，刚架桥的正弯矩比梁式桥要小，因此刚架桥的建筑高度较低。但刚架桥施工比较困难，其用普通钢筋混凝土修建，梁柱刚结处易产生裂缝。

悬索桥。悬索桥以悬索为主要承重结构，结构自重较轻，构造简单，受力明确。由于这种桥的结构自重轻，刚度差，在车辆动荷载和风荷载作用下会产生较大的变形和振动。

组合体系桥。组合体系桥由几个不同体系的结构组合而成，最常见的为连续刚构，梁、拱组合等。斜拉桥也是组合体系桥的一种。

（2）其他分类方式

①按用途划分，有公路桥、铁路桥、公铁两用桥、农用桥、人行桥、运水桥（渡槽）及其他专用桥梁（如通过管路、电缆等的桥梁）；

②按桥梁全长和跨径的不同，分为特大桥、大桥、中桥、小桥；

③按主要承重结构所用的材料来分，有圬工桥、钢筋混凝土桥、预应力混凝土桥、钢桥、钢混凝土结合梁桥和木桥等；

④按跨越障碍的性质来分，有跨河桥、跨线桥（立体交叉桥）、高架桥和栈桥等；

⑤按上部结构的行车道位置分，有上承式（桥面结构布置在主要承重结构之上）桥、下承式桥、中承式桥。

二、桥梁测量

（一）桥梁工程中测量的重要性

桥梁工程测量是桥梁工程建设的重要环节，也是基础环节。首先，在桥梁工程项目开展过程中，必须进行科学合理的设计以及规划，而在此之前必须合理选择桥梁工程的施工位置，同时要对桥梁施工位置的水文情况以及地质情况进行准确勘测。这样才能够保证获取数据的准确性，以此为基础，才能进行设计及规划作业。其次，在桥梁工程项目的开展过程中，需要以工程施工图纸为基础，而施工图纸的形成并不是盲目的，需要勘测相关的数据，这样才能够保证施工图纸的科学性及合理性，促进施工设计图纸朝着科学化、实物化的方向发展。最后，桥梁工程测量有利于工程项目有序开展，能够保证所有施工工艺之间的合理性及科学性，防止施工工艺之间出现冲突，保证施工设计图纸对施工过程的指导性。因此，桥梁工程测量在桥梁工程建设过程中具有至关重要的作用。在当前的桥梁工程建设过程中，必须充分应用先进的测量技术，才能获取准确可靠的测量数据。

（二）影响桥梁测量准确性的因素

1.测量设备

随着科学技术的不断发展，在桥梁工程测量过程中，人们所使用的仪器设备也在不断更新，目前常用的测量设备有全站仪、全球定位系统、传感器设备等，此类设备均属于电子产品，在长期使用过程中会出现零件老化、精准度下降的情况。在正式测量中，部分测量设备缺乏校验调试，使得检测设备初始状态的准确性无从考究，从而提升了测量结果的差错率。

2.测量人员技能水平

测量人员是执行测量任务的主要载体，其能力水平决定了测量结果的准确性。因为测量工作贯穿整个桥梁工程施工的过程，所以部分企业为了节省成本，有时会选择"师徒"模式来完成测量工作，该模式是指由一名资深测量人员带领几名实习生来完成测量任务。由于实习生的实践经验较少，在实践操作过程中很容易出现操作不规范的情况，而资深测量人员往往对实习生缺乏监督，从而造成测量结果的实用性较差，有时甚至还需要重新进行测量，增加了整个测量任务的时间成本。

3.周围环境因素

在道路桥梁施工的过程中，实际的测量工作与动迁工作有可能会产生冲突，需要合理地安排测量时间，尽可能地减少冲突的发生。桥梁工程施工的场地多种多样，有可能是繁华的街区，有可能是偏僻的郊区，在实际测量的过程中，很有可能遇到不能进行标识的地方，如果在施工过程中，恰巧遇到了人口密集度相对较高的作业区域，那么在实际施工过程中，施工人员应当充分注重人口密集度、现场交通等因素的影响，尽可能地保证测量的精确度。

（三）桥梁测量的准备工作

很多桥梁项目施工所处的位置较为复杂，并且桥梁的结构也相对复杂，这就导致桥梁测量的工作难度较大，会受到周边环境和工程负荷的影响。另外，当桥梁的基础强度相对较弱时，施工时会导致桥梁出现沉降情况，对桥梁的整体质量影响较大。桥梁建筑的精确度和施工的质量存在较大的关系，在桥梁施工前期，测量到的数据精确度及误差都会影响后期施工，并且会对桥梁的基本功能产生相应影响。因此，测量人员进行测量时，必须确保测量的精确度，严格把控桥梁施工的质量，确保施工的可行性。

由于建筑桥梁施工的特殊性，在施工时经常会面临高空作业，施工环境相对恶劣，高空架设设备难度较大。因此在桥梁施工前，应该做好相应的准备工作，精确地测量桥梁墩台，并且测量出承台和桩基的数值等，做好详细记录。施工人员要熟知施工的图纸，充分了解设计师的意图，每次测量前，都要对设备进行检查，确保设备的电源和性能处于良好状态，对设备的回光信号、电压参数等进行检查，确保其符合标准规范。并且要确保待测区域不能有频率较高的电磁场，同时不能存在具有反光性较强的物品，要避开高压输电线路。在对桥梁墩台进行测量时，要注意测量的先后顺序，从中心位置进行放线，运用极坐标法对墩台的重点区域进行有效控制，在精准测量之后，即可对墩台横纵的十字距离进行测量。

（四）桥梁测量的内容

1.控制网复测与控制点加密

在桥梁工程测量的过程中，控制网复测与控制点加密技术属于常用的测量手段。例如，某工程作业区域基层结构为软土路基，对此，在施工过程中需要做好控制网密度工作，控制网的密度主要与桥梁工程的跨度、功能属性、外观属性等有关，结合相关数据信息，适当调整区域测量过程中的控制网密度，能够为桥梁工程的顺利进行提供指导。在控制点控制过程中，可通过优化整个控制点的分布情况，来提升整个测量结果的准确性，为后续桥梁工程施工的顺利推进奠定坚实基础。

2.桥梁下部结构测量

桥梁放样可以分为平面位置的放样和高程位置的放样。平面位置的放样采用的是全站仪坐标法，在观测站和后视位置均应选择固定区域，以此来减少误差，确保其精确度，并且合理有效地调整存在的偏差。高程位置的放样采用的是水平仪；对桥墩中心位置的测量，采用的是钢尺水平仪的配合方式，在传递结束之后，再利用三角高程的往返测量进行数据检验。对施工控制网，应采用全站测量仪的极坐标方法进行有效放样，并且对获取的数据进行检验，确保其误差在合理范围内，之后方可继续操作。

在埋设护桩施工时，要仔细检查埋桩的位置，并及时发现问题、纠正问题，确保护桩埋设的规范性。调整桥梁墩身模板后，要及时检查结构和尺寸，以承台和底口的十字线为基础，使用钢尺进行测量。随后依据桥梁墩身的尺寸，合理地进行浇筑施工，在此期间要确保工艺的一致性和统一性。在桥梁墩身完成以后，要再次测量竣工后的墩身，观测桥墩中心之间的距离和高度，以此保障桥梁的质量和行人的安全。

3.桥梁上部结构测量

与桥梁下部结构相对应的便是桥梁上部结构，也是桥梁工程施工中需要重点关注的内容。例如，某桥梁工程整体规模较大，桥梁上部结构内容相对繁多，包括 T 型梁结构、板型梁结构、预应力梁结构、普通梁结构等，在具体测量过程中，施工单位应结合具体的质量控制措施，选择恰当的上部应用结构。要想提升测量结果的科学性，还要选择恰当的测量技术和相应的测量方式，从而提升工程测量质量，促进桥梁工程稳定开展。

4.桥梁竣工测量

在桥梁工程竣工阶段，测量也是非常重要的，而在很多施工单位，该部分内容也是最容易被忽略的。桥梁工程在进入竣工阶段后，要想提升检测结果的科学性，可根据施工规范标准和设计图纸要求，对桥梁工程进行全面检查，详细了解桥梁工程建设的具体内容。桥梁竣工测量包括桥梁轴线、宽度和高程。

5.桥梁变形测量

除上述测量内容外，桥梁变形也是非常重要的测量内容。例如，某施工单位在桥梁工程施工过程中，对施工图纸进行基础了解，确定桥梁工程施工过程中的相关参数，将此类参数作为对照组数据，同时借助相关仪器设备对待测内容进行测量，将检测到的相关数据进行比对，根据比对结果来确定现阶段桥梁工程在施工过程中产生的形变量，对其变形的合规性进行科学判断，及时采取相应措施进行处理，从而提升桥梁工程施工结果的科学性。另外，要监测桥梁工程施工过程中的水平位移情况，以提升数据信息的应用价值。

（五）桥梁测量质量的控制措施

1.施工前

在施工前，桥梁测量的从业人员必须熟知施工图纸，要充分了解桥梁各个构造与轴线之间的关系。做好每一个位置的测量工作，并做好相应的数据记录，保障测量的质量，提升测量的效率。测量人员必须考察和分析施工现场，确保在之后的测量中不会因为客观原因影响施工。在准备阶段，必须检查用到的测量设备，要严格按照标准和规范，选择正规企业生产的设备，并且要保证设备具有合格证，所选用的设备必须全部符合现场施工的要求。测量人员应对每一个控制点进行多次测量，对测量的数据进行对比和分析，并向监管部门提交报告，为之后的桥梁施工提供保障。

2.施工时

在实际施工过程中，施工单位要做好相应的宣传工作，充分发挥监理的作用，确保工作顺利进行。测量人员在进行道路施工测量时，读数应准确，切不可粗心大意，测量前先进行计算，测量的过程中要进行复算，测量完成后要及时进行复核。相关测量仪器要有专人进行保管，要保证测量仪器处于正常状态，并且要定期进行保养和校验，架设的仪器要有人进行看管，避免无人看管导致损坏。测量人员在进行测量时，要严格按照测量规范进行作业。测量人员应和施工人员进行交流和沟通，为下一道工序做好准备，并做好桩位保护工作。

3.施工结束后

桥梁项目施工整体结构完成后，项目工程监理应采取相应的方法进行检测，对施工企业的测量数据也要抽样检查，以此确保数据的真实性和准确性。桥梁施工完成后，在工程资料完整的前提下，监理员要对桥梁对角线、主桥面的垂直度和整体桥梁的高度、桥梁的沉降数值等进行再次测量、验证，并且将以上内容作为验收的重要部分，以此保障桥梁项目工程的安全性。

三、桥梁施工

（一）钢筋混凝土施工

1.钢筋施工

（1）钢筋加工

钢筋弯制前应先调直。钢筋宜优先选用机械方法调直。当采用冷拉法进行调直时，HPB235 钢筋，冷拉率不得大于 2%；HRB335、HRB400 钢筋，冷拉率不得大于 1%。

钢筋下料前，应核对钢筋品种、规格、等级及加工数量，并应根据设计要求和钢筋长度配料；下料后应按种类和使用部位分别挂牌标明；受力钢筋弯制和末端弯钩均应符合设计要求或规范规定。

箍筋末端弯钩形式应符合设计要求或规范规定。箍筋弯钩的弯曲直径应大于被箍主钢筋的直径，且当被箍主钢筋是 HPB235 钢筋时，箍筋弯钩的弯曲直径不得小于箍筋直径的 2.5 倍；当被箍主钢筋是 HRB335 钢筋时，箍筋弯钩的弯曲直径不得小于箍筋直径的 4 倍。弯钩平直部分的长度，一般结构不宜小于箍筋直径的 5 倍，有抗震要求的结构不得小于箍筋直径的 10 倍。

钢筋宜在常温状态下弯制，不宜加热。钢筋宜从中部开始逐步向两端弯制，弯钩应一次弯成。钢筋加工过程中，应采取措施防止油渍、泥浆等的污染，以防止钢筋受损伤。

（2）钢筋连接

热轧钢筋接头。热轧钢筋接头应符合设计要求，当没有设计要求时，应符合下列规定：

①钢筋接头宜采用焊接接头或机械连接接头；

②焊接接头应优先选择闪光对焊，焊接接头应符合国家现行标准《钢筋焊接及验收规程》（JGJ 18—2012）的有关规定；

③机械连接接头适用于 HRB335 和 HRB400 带肋钢筋的连接，机械连接接头应符合国家现行标准《钢筋机械连接技术规程》（JGJ 107—2016）的有关规定；

④当普通混凝土中钢筋直径等于或小于 22 mm 时，在无焊接条件时，可采用绑扎方式连接，但受拉构件中的主钢筋不得采用绑扎方式连接；

⑤钢筋骨架和钢筋网片的交叉点焊接宜采用电阻点焊；

⑥钢筋与钢板的 T 形连接，宜采用埋弧压力焊或电弧焊。

钢筋接头设置。钢筋接头设置应符合下列规定：

①在同一根钢筋上宜少设接头；

②钢筋接头应设在受力较小区段，不宜位于构件的最大弯矩处；

③在任一焊接或绑扎接头长度区段内，同一根钢筋不得有两个接头，在该区段内的受力钢筋，其接头的截面面积占总截面面积的百分率应符合规范规定；

④接头末端至钢筋弯起点的距离不得小于钢筋直径的 10 倍；

⑤施工中钢筋受力分不清受拉、受压的，按受拉处理；

⑥钢筋接头部位横向净距不得小于钢筋直径，且不得小于 25 mm。

（3）钢筋骨架和钢筋网的组成与安装

施工现场可根据结构情况和现场运输起重条件，先分部预制成钢筋骨架或钢筋网片，入模就位后再焊接或绑扎成整体骨架。为确保分部钢筋骨架具有足够的刚度和稳定性，可在钢筋的部分交叉点处施焊或用辅助钢筋加固。

钢筋骨架制作和组装。钢筋骨架制作和组装应符合下列规定：

①钢筋骨架的焊接应在坚固的工作台上进行；

②组装时应按设计图纸放样，放样时应考虑骨架预拱度，简支梁钢筋骨架预拱度应符合设计和规范规定；

③组装时应采取控制焊接局部变形的措施；

④骨架接长焊接时，不同直径钢筋的中心线应在同一平面上。

钢筋网片电阻点焊规定。钢筋网片采用电阻点焊应符合下列规定：

①当焊接网片的受力钢筋为 HPB235 钢筋时，如焊接网片只有一个方向受力，则受力主筋与两端的两根横向钢筋的全部交叉点必须焊接，如焊接网片为两个方向受力，则四周边缘的两根钢筋的全部交叉点必须焊接，其余交叉点可间隔焊接或绑、焊相间；

②当焊接网片的受力钢筋为冷拔低碳钢丝，而另一方向的钢筋间距小于 100 mm 时，除受力主筋与两端的两根横向钢筋的全部交叉点必须焊接外，中间部分的焊点距离可增大至 250 mm。

现场绑扎钢筋应符合下列规定：

①钢筋的交叉点应采用绑丝绑牢，必要时可辅以点焊；

②钢筋网的外围两行钢筋交叉点应全部扎牢，中间部分交叉点可间隔交错扎牢，但双向受力的钢筋网，钢筋交叉点必须全部扎牢；

③梁和柱的箍筋，除设计有特殊要求外，应与受力钢筋垂直设置，箍筋弯钩叠合处，应位于梁和柱角的受力钢筋处，并错开设置（同一截面上有两个以上箍筋的大截面梁和柱除外），螺旋形箍筋的起点和终点均应绑扎在纵向钢筋

上，有抗扭要求的螺旋箍筋，钢筋应伸入核心混凝土中；

④矩形柱角部竖向钢筋的弯钩平面与模板面的夹角应为 45°，多边形柱角部竖向钢筋弯钩平面应朝向断面中心，圆形柱所有竖向钢筋弯钩平面应朝向圆心，采用插入式振捣器振捣小型截面柱时，弯钩平面与模板面的夹角不得小于 15°；

⑤绑扎接头搭接长度范围内的箍筋间距为：当钢筋受拉时应小于 5 d 且不得大于 100 mm，当钢筋受压时应小于 10 d，且不得大于 200 mm；

⑥钢筋骨架的多层钢筋之间应用短钢筋支垫，确保位置准确。

钢筋的混凝土保护层厚度。钢筋的混凝土保护层厚度，必须符合设计要求。设计无要求时应符合下列规定：

①普通钢筋和预应力直线形钢筋的最小混凝土保护层厚度不得小于钢筋公称直径，后张法构件预应力直线形钢筋不得小于其管道直径的 1/2；

②当受拉区主筋的混凝土保护层厚度大于 50 mm 时，应在保护层内设置直径不小于 6 mm、间距不大于 100 mm 的钢筋网；

③钢筋机械连接件的最小保护层厚度不得小于 20 mm；

④应在钢筋与模板之间设置垫块，确保钢筋的混凝土保护层厚度，垫块应与钢筋绑扎牢固、错开布置。

2.混凝土施工

混凝土的施工包括原材料的计量，混凝土的搅拌、运输、浇筑及混凝土养护等内容。

（1）原材料计量

各种计量器具应按计量法的规定定期检定，保证计量准确。在混凝土生产过程中，应注意控制原材料的计量偏差。对骨料的含水率的检测，每一工作班不应少于一次。雨期施工时应增加测定次数，根据骨料实际含水量调整骨料和水的用量。

（2）混凝土搅拌、运输和浇筑

混凝土搅拌。混凝土拌合物应均匀，颜色一致，不得有离析和泌水现象。

搅拌时间是混凝土拌合时的重要控制参数。使用机械搅拌时，自全部材料装入搅拌机开始搅拌起，至开始卸料时止，连续搅拌的最短时间应符合相关规定。

混凝土运输。混凝土的运输能力应满足混凝土凝结速度和浇筑速度的要求，使浇筑工作不间断。运送混凝土拌合物的容器或管道应不漏浆、不吸水、内壁光滑平整，能保证卸料及输送畅通。在混凝土拌合物运输过程中，应保证其均匀性，不产生分层、离析等现象，如出现分层、离析现象，则应对混凝土拌合物进行二次快速搅拌。混凝土拌合物运输到浇筑地点后，应按规定检测其坍落度，坍落度应符合设计要求和施工工艺要求。预拌混凝土在卸料前需要掺加外加剂时，外加剂的掺量应按配合比通知书执行。掺入外加剂后，应快速搅拌，搅拌时间应根据试验确定。严禁在运输过程中向混凝土拌合物中加水。在泵送混凝土时，应保证混凝土泵连续工作，受料斗应有足够的混凝土。泵送间歇时间不宜超过 15 min。

混凝土浇筑。浇筑混凝土前，应检查和控制模板、钢筋、保护层和预埋件等的尺寸、规格、数量和位置，其偏差值应符合现行国家标准《混凝土结构工程施工质量验收规范》（GB 50204—2015）的规定。此外，还应检查模板支撑的稳定性以及接缝的密合情况。模板和隐蔽项目应分别进行预检和隐检验收，符合要求时，方可进行浇筑。在浇筑工序中，应控制混凝土的均匀性和密实性。混凝土拌合物运至浇筑地点后，应立即浇筑入模。在浇筑过程中，如混凝土拌合物的均匀性和稠度发生较大变化，则应及时进行处理。柱、墙等结构竖向浇筑高度超过 3 m 时，应采用串筒、溜管或振动溜管等方式浇筑混凝土。混凝土应振捣成型，应根据施工对象及混凝土拌合物性质选择适当的振捣器，并确定振捣时间。混凝土在浇筑及静置过程中，应采取措施防止产生裂缝。由于混凝土的沉降及干缩产生的非结构性的表面裂缝，应在混凝土终凝前予以修整。在浇筑混凝土时，应制作供结构或构件出池、拆模、吊装、张拉、放张和强度合格评定用的试件。必要时还应制作抗冻、抗渗或其他性能试验用的试件。

（3）混凝土养护

一般混凝土浇筑完成后，应在收浆后尽快予以覆盖和洒水养护。对干硬性混凝土、炎热天气浇筑的混凝土、大面积裸露的混凝土，有条件的可在浇筑完成后立即加设棚罩，待收浆后再予以覆盖和养护。

洒水养护的时间。掺用硅酸盐水泥、普通硅酸盐水泥或矿渣硅酸盐水泥的混凝土，不得少于 7 d。掺用缓凝型外加剂或有抗渗等要求以及高强度混凝土，不少于 14 d。使用真空吸水的混凝土，可在保证强度条件下适当缩短养护时间。使用涂刷薄膜养护剂进行养护时，养护剂应通过试验确定，并确定操作工艺。使用塑料膜覆盖养护时，应在混凝土浇筑完成后及时覆盖严密，保证膜内有足够的凝结水。当气温低于 5 ℃时，应采取保温措施，不得对混凝土进行洒水养护。

3.模板、支架和拱架的制作与安装

模板与混凝土接触面应平整、接缝严密。组合钢模板的制作、安装应符合现行国家标准《组合钢模板技术规范》（GB/T 50214—2013）的规定；钢框胶合板模板的组配面板宜采用错缝布置；高分子合成材料面板、硬塑料或玻璃钢模板，应与边肋及加强肋连接牢固；土、砖等胎模的制作场地应平整、坚实，胎模表面应平整、光滑；拱桥施工时，在条件适宜时可使用土牛拱胎法，但雨期不宜采用土牛拱胎法。

支架立柱必须落在有足够承载力的地基上，立柱底端必须放置垫板或混凝土垫块。支架地基严禁被水浸泡，冬季施工时必须采取防止冻胀的措施。支架通行孔的两边应加护桩，夜间应设警示灯。施工中易受漂流物冲撞的河中支架应设牢固的防护设施。

在安设支架、拱架的过程中，应随安装随架设临时支撑。采用多层支架时，支架的横垫板应处于水平状态，立柱应铅直，上下层立柱应在同一中心线上。支架或拱架不得与施工脚手架、便桥相连。支架、拱架安装完毕，经检验合格后方可安装模板。安装模板应与钢筋施工工序配合进行，妨碍绑扎钢筋的模板，应待钢筋工序结束后再安装。安装墩台模板时，其底部应与基础预埋件连接牢固，上部应采用拉杆固定。模板在安装过程中，必须设置防倾覆设施。

采用脚手架作支架时应遵守国家现行标准《建筑施工碗扣式钢管脚手架安

全技术规范》（JGJ 166—2016）或《建筑施工扣件式钢管脚手架安全技术规范》（JGJ 130—2011）的规定。采用滑模应遵守现行国家标准《滑动模板工程技术标准》（GB/T 50113—2019）的规定。浇筑混凝土和砌筑前，应对模板、支架和拱架进行检查和验收，合格后方可施工。

模板工程及支撑体系满足下列条件的，还应进行危险性较大分部分项工程安全专项施工方案专家论证。工具式模板工程：包括滑模、爬模、飞模工程。混凝土模板支撑工程：搭设高度 8 m 及以上、搭设跨度 18 m 及以上；施工总荷载 15 kN/m² 及以上；集中线荷载 20 kN/m² 及以上。承重支撑体系：用于钢结构安装等满堂支撑体系，承受单点集中荷载 700 kg 以上。

（二）预应力混凝土施工

1.搭设支架

为了保证各项工作的顺利进行，在应用桥梁施工技术的过程中，施工人员应用挖掘机、压路机等设备打造一个平整的场地，将多余的石料等材料堆放在统一的位置，减少后续工作当中的麻烦，为提升工程施工效率做充足的准备。场地建设完成以后，就可以对地面的软硬程度等进行更加细致的检查与分析。如果桥梁建筑施工现场的土壤表层松软，那么可采用挖出浮土、填铺碎石、浇筑泥浆等方式对其进行施工管理，为预应力混凝土桥梁施工的有效运行提供良好的条件。

2.安装模板

模板在现代化桥梁建筑与施工的过程中，一直都占据着非常重要的地位。施工人员须在桥梁模板安装前对模板进行清洗，保证不会残留泥浆、尘土等。放置一段时间后，待模板已经成型、晾干，就可以对其内部进行定型处理。根据桥梁施工的具体步骤进行安装，保证桥梁模板的整体质量。侧模在制作和使用的过程中，需要具备较强的支撑能力，避免混凝土浇筑完成以后出现位移或者变形的问题。只有保障侧模的质量，才能更加全面地发挥预应力混凝土最终的张拉作用。除侧模外，在制作模板时还需要加强对底模的重视，尤其是在底模和侧模交界的位置，应避免泥浆渗漏的现象。

3.加强浇筑与养护

当预应力混凝土桥梁施工基本完成以后，施工人员应及时检查桥梁的模板质量，保证桥梁投入使用以后不会出现安全问题，然后再进行混凝土的浇筑施工。在预应力混凝土桥梁的建设过程中，应充分了解施工现场及周边的自然环境，应严格抵制制约预应力混凝土施工质量提升的原材料，避免出现不必要的安全问题。所以，在桥梁建设过程中，施工人员应根据施工现场的位置，在附近的混凝土搅拌厂提前预订混凝土，避免工程建筑中出现一些不可控因素。

就近取材的方式能有效避免桥梁原材料在运输过程中出现质量问题。在浇筑混凝土的过程中，应采用振捣的方法，在规定范围内进行振捣，以有效提升混凝土的密实度，避免在桥梁建筑的过程中出现蜂窝、麻面等问题。一旦桥梁浇筑完成，就需要对其进行养护，定期对桥梁质量进行检查，将人民群众的人身安全作为第一要务，保证现预应力混凝土桥梁施工的整体质量。

4.先张法施工工艺控制

先张法施工工艺在桥梁施工中有着明显的优势。

首先，施工人员需要先做好张拉台座的施工准备工作，保证桥梁底板的宽度和结构构架的宽度相一致。在桥梁建筑过程中，应用这样的施工技术，桥梁建筑过程当中的构件才能更进一步地发挥出底板滑动的作用与优势，不会因为外界其他因素影响桥梁最终的质量。在桥梁建筑中，支撑架的刚度和稳定性都会在一定的程度上受到张力和拉力的影响。由此可见，在预应力混凝土桥梁施工技术中应用这种施工工艺，有利于人们根据对应的内容和特点，对一些细小的结构进行进一步改造，保障桥梁整体的施工质量和结构的合理性。

其次，先张法施工工艺需要制作模板和预应力筋。模板在桥梁施工中有着非常重要的作用，应根据工程施工的实际需求进行制作，保证桥梁工程施工中数据信息的准确性；根据测量数据制作预应力筋，避免出现穿孔、错眼等问题。

最后，需要对先张法施工工艺进行合理的控制，并根据实际的测量指数对其张力进行有效改善，提升工程建筑的整体质量，全面保障桥梁投入使用后的安全性。

5.降压处理预应力孔道

降压处理在桥梁建筑中占据非常重要的位置，预应力孔道的降压处理能够非常有效地改善传统桥梁施工技术中的弊端。尤其是在桥梁施工准备完成以后，施工人员需要在水泥搅拌站制作黏稠性适中的水泥浆，这一步骤尽管有一定的难度，但是能显著提升工程施工的效率，保证降压设备在常压环境下正常运行，对于提升桥梁建筑的整体质量有着极大的作用。

不仅如此，在应用预应力混凝土桥梁施工技术的过程当中，压力表是非常有必要的。为了使压力表能够正常运行，施工人员要定期进行检查和维修，在第一时间发现问题，找到有针对性的解决策略。在混凝土桥梁施工中应用降压处理预应力孔道有着巨大的优势，能在一定程度上降低施工人员的工作难度。在实际的降压处理预应力孔道工作中，相关的工作技术人员应该严格按照相关步骤，在保证整体施工质量的同时，最大限度地提升预应力混凝土桥梁施工的整体质量。

6.制定突发问题的解决策略

预应力混凝土桥梁施工技术是比较先进的技术，能更进一步解决预应力混凝土桥梁施工中存在的问题。

首先，滑丝、断丝问题是桥梁施工中比较常见的一种现象。为了将滑丝、断丝出现的可能性降到最低，施工人员应加强对施工步骤的管理与监督，其中主要是对夹片的检查，选择一些质量较好的材料，保证整体质量，及时更换不能达到预期效果的原材料。

其次，桥梁建筑的质量容易受外界温度的影响。如果外界温度变化剧烈，桥梁混凝土结构就会产生裂缝，影响桥梁的安全性和稳定性。要想有效解决这一问题，就应该更加全面、合理地控制内、外部温度的变化，在可控制的范围内使用适当的隔离剂，提升桥梁的整体质量，延长桥梁的使用年限。

最后，加强施工管理。由于预应力混凝土桥梁施工有一定的特殊性，也经常出现很多质量问题，施工人员就要对桥梁施工进程进行监督和管理，建立相应的管理机制，全面保障工程施工安全。

第二节　城市桥梁下部结构施工

一、桩基础施工方法与设备选择

城市桥梁工程常用的桩基础通常可分为沉入桩基础和灌注桩基础，按成桩施工方法又可分为沉入桩、钻孔灌注桩和人工挖孔桩。本部分主要介绍沉入桩基础和钻孔灌注桩基础的施工方法及机械设备选择要点。

（一）沉入桩基础

常用的沉入桩有钢筋混凝土桩、预应力混凝土桩和钢管桩。

1.准备工作

①沉桩前应掌握工程地质钻探资料、水文资料和打桩资料；

②沉桩前必须处理地上（下）障碍物，平整场地；

③应根据现场环境状况采取降噪声措施，城区、居民区等人员密集的场所不应进行沉桩施工；

④对地质复杂的大桥、特大桥，为检验桩的承载能力和确定沉桩工艺应进行试桩；

⑤贯入度应通过试桩或在沉桩试验后会同监理及设计单位研究确定；

⑥用于地下水有侵蚀性的地区或具有腐蚀性土层的钢桩，应按照设计要求做好防腐处理。

2.施工技术要点

①预制桩的接桩可采用焊接、法兰连接或机械连接，接桩材料及工艺应符合规范要求；

②沉桩时，桩帽或送桩帽与桩周围间隙应为 5～10 mm，桩锤、桩帽或送桩帽应和桩身在同一中心线上，桩身垂直度偏差不得超过 0.5%；

③确定沉桩顺序时，对于密集桩群，应自中间向两个方向或四周对称施打，根据基础的设计标高，宜先深后浅，根据桩的规格，宜先大后小，先长后短；

④施工中若锤击有困难时，可在管内助沉；

⑤桩终止锤击的控制应以控制桩端设计标高为主、贯入度为辅；

⑥沉桩过程中应加强对邻近建筑物、地下管线等的观测、监护。

3.沉桩方式及设备选择

①锤击沉桩方式宜用于砂类土、黏性土，桩锤的选用应根据地质条件、桩型、桩的密集程度、单桩竖向承载力及现有施工条件等因素确定；

②振动沉桩方式宜用于锤击沉桩效果较差的密实的黏性土、砾石、风化岩；

③在密实的砂土、碎石土、沙砾的土层中用锤击法、振动沉桩法有困难时，可采用射水作为辅助手段进行沉桩施工，在黏性土中应慎用射水沉桩，在重要建筑物附近不宜采用射水沉桩；

④静力压桩宜用于软黏土（标准贯入度 $N<20$）、淤泥质土；

⑤钻孔埋桩宜用于黏土、砂土、碎石土，且河床覆土较厚的情况。

（二）钻孔灌注桩基础

1.准备工作

①施工前应掌握工程地质资料、水文地质资料，掌握所用各种原材料及制品的质量检验报告；

②施工时应按有关规定，制定安全生产、保护环境等措施；

③灌注桩施工应有齐全、有效的施工记录。

2.泥浆护壁成孔

（1）泥浆制备

①泥浆制备根据施工机械、工艺及穿越土层情况进行配合比设计，宜选用高塑性黏土或膨润土；

②泥浆护壁施工期间，护筒内的泥浆面应高出地下水位 1.0 m 以上，在清孔过程中应不断置换泥浆，直至灌注水下混凝土；

③灌注混凝土前，孔底 500 mm 以内的泥浆相对密度应小于 1.25，含砂率不得大于 8%，黏度不得大于 28 Pa·s；

④现场应设置泥浆池和泥浆收集设施，废弃的泥浆、料渣应进行处理，不得污染环境。

（2）正、反循环钻孔

①泥浆护壁成孔时应根据泥浆补给情况控制钻进速度，保持钻机稳定；

②钻进过程中如发生斜孔、塌孔和护筒周围冒浆、失稳等现象时，则应先停钻，待采取相应措施后再继续钻进；

③钻孔达到设计深度，灌注混凝土之前，孔底沉渣厚度应符合设计要求；设计未要求时，端承型桩的沉渣厚度不应大于 100 mm，摩擦型桩的沉渣厚度不应大于 300 mm。

（3）冲击钻成孔

①冲击钻开孔时，应低锤密击，反复冲击造壁，保持孔内泥浆面稳定；

②应采取有效的技术措施防止塌孔、扩孔、卡钻和掉钻及泥浆流失等事故；

③每钻进 4～5m 应验孔一次，在更换钻头前或容易缩孔处，均应验收并做记录；

④排渣过程中应及时补给泥浆；

⑤冲孔中遇到斜孔、梅花孔、塌孔等情况时，应采取措施后方可继续施工；

⑥稳定性差的孔壁应采用泥浆循环或抽渣筒排渣，清孔后灌注混凝土之前的泥浆指标应符合要求。

（4）旋挖成孔

①旋挖钻成孔灌注桩应根据不同的地层情况及地下水位埋深，采用不同的成孔工艺；

②泥浆制备的能力应大于钻孔时的泥浆需求量，每台套钻机的泥浆储备量应不少于单桩体积；

③成孔前和每次提出钻斗时，应检查钻斗和钻杆连接销子、钻斗门连接销子及钢丝绳的状况，并应清除钻斗上的渣土；

④旋挖钻机成孔应采用跳挖方式，并根据钻进速度同步补充泥浆，保持所需的泥浆面高度不变；

⑤孔底沉渣厚度控制指标应符合要求。

3.干作业成孔

（1）长螺旋钻孔

①钻机定位后，应进行复检，钻头与桩位点偏差不得大于 20 mm，开孔时下钻速度应缓慢，钻进过程中，不宜反转或提升钻杆；

②在钻进过程中遇到卡钻、钻机摇晃、偏斜或发生异常声响时，应立即停钻，查明原因，采取相应措施后方可继续作业；

③钻至设计标高后，应先泵入混凝土并停顿 10～20 s，再缓慢提升钻杆，应根据土层情况确定是否提高钻速，并保证管内有一定高度的混凝土。

④混凝土压灌结束后，应立即将钢筋笼插至设计深度，并及时清除钻杆及泵（软）管内残留的混凝土。

（2）钻孔扩底

①钻杆应保持垂直稳定，位置准确，防止因钻杆晃动导致孔径扩大；

②钻孔扩底桩施工扩底孔部分虚土厚度应符合设计要求；

③灌注混凝土时，第一次应灌到扩底部位的顶面，随即振捣密实，在桩顶下 5 m 内灌注混凝土时，应随灌注随振动，每次灌注高度不大于 1.5 m。

（3）人工挖孔

人工挖孔桩必须在保证施工安全的前提下选用。挖孔桩截面一般为圆形，也有方形桩；孔径通常为 1 200～2 000 mm，最大可达 3 500 mm；挖孔深度不宜超过 25 m。

可采用混凝土或钢筋混凝土支护孔壁技术，护壁的厚度、拉接钢筋、配筋、混凝土强度等级均应符合设计要求；井圈中心线与设计轴线的偏差不得大于 20 mm；上下节护壁混凝土的搭接长度不得小于 50 mm；每节护壁必须保证振捣密实，并应在当日施工完毕；应根据土层渗水情况使用速凝剂；模板拆除应在混凝土强度大于 2.5 MPa 后进行。挖孔达到设计深度后，应对孔底进行处理，必须做到孔底表面无松渣、泥、沉淀土。

4.钢筋笼与灌注混凝土施工要点

①钢筋笼加工应符合设计要求，在钢筋笼制作、运输和吊装过程中应采取适当的加固措施，防止变形；

②吊放钢筋笼入孔时，不得碰撞孔壁，就位后应采取加固措施固定钢筋笼的位置；

③沉管灌注桩内径应比套管内径小 60～80 mm，用导管灌注水下混凝土的桩应比导管连接处的外径大 100 mm 以上；

④灌注桩采用的水下灌注混凝土宜使用预拌混凝土，其骨料粒径不宜大于 40 mm；

⑤灌注桩各工序应连续施工，钢筋笼放入泥浆后，4 h 内必须浇筑混凝土；

⑥桩顶混凝土浇筑完成后应高出设计标高 0.5～1 m，确保凿除桩头浮浆层后桩基面混凝土达到设计强度；

⑦当气温低于 0 ℃时，浇筑混凝土应采取保温措施，浇筑时混凝土温度不得低于 5 ℃，当气温高于 30 ℃时，应根据具体情况对混凝土采取缓凝措施；

⑧灌注桩的实际浇筑混凝土量不得小于计算体积，套管成孔的灌注桩任何一段平均直径与设计直径的比值不得小于 1.0；

⑨场地为浅水时宜采用筑岛法施工，筑岛面积应视钻孔方法、机具大小而定，岛的高度应高出最高施工水位 0.5～1.0 m；

⑩场地为深水或淤泥层较厚时，可采用固定式平台或浮式平台，平台须稳

固牢靠，能承受施工时的静载和动载，并考虑施工机械进出安全。

5.水下混凝土灌注

桩孔检验合格，吊装钢筋笼完毕后，安置导管浇筑混凝土。混凝土配合比应通过试验确定，须具备良好的和易性，坍落度宜为 180～220 mm。

导管应符合下列要求：

①导管内壁应光滑圆顺，直径宜为 20～30 cm，节长宜为 2 m；

②导管不得漏水，使用前应试拼、试压，试压的压力宜为孔底静水压力的 1.5 倍；

③导管轴线偏差不宜超过孔深的 0.5%，且不宜大于 10 cm；

④导管采用法兰盘接头时宜加锥形活套，采用螺旋丝扣型接头时必须有防止松脱的装置；

⑤使用的隔水球应有良好的隔水性能，并应保证顺利排出；

⑥开始灌注混凝土时，导管底部至孔底的距离宜为 300～500 mm，导管一次埋入混凝土灌注面以下不应少于 0.8 m，导管埋入混凝土深度宜为 2～6 m；

⑦灌注水下混凝土必须连续施工，并应控制提、拔导管的速度，严禁将导管提出混凝土灌注面；

⑧灌注过程中的故障应记录备案。

二、墩台、盖梁施工

（一）现浇混凝土墩台、盖梁

1.现浇混凝土墩台施工

（1）重力式混凝土墩台

①墩台混凝土浇筑前应对基础混凝土顶面做凿毛处理，清除锚筋污锈；

②墩台混凝土宜水平分层浇筑，每层高度宜为 1.5～2 m；

③墩台混凝土分块浇筑时，接缝应与墩台截面尺寸较小的一边平行，邻层分块接缝应错开，接缝宜做成企口形；

④墩台水平截面积在 200 m² 以内分块数量不得超过 2 块，在 300 m² 以内分块数量不得超过 3 块，每块面积不得小于 50 m²。

⑤在明挖基础上灌筑墩、台第一层混凝土时，要防止因水分被基础吸收或基顶水分渗入混凝土而降低强度。

（2）柱式墩台

模板、支架除应满足强度、刚度要求外，在稳定计算中还应考虑风力的影响。墩台柱与承台基础接触面应进行凿毛处理，清除钢筋污锈。浇筑墩台柱混凝土时，应铺一层同配合比的水泥砂浆，墩台柱的混凝土宜一次连续浇筑完成。柱身高度内有系梁连接时，系梁应与柱同步浇筑，V 型墩柱混凝土应对称浇筑。

采用预制混凝土管作柱身外模时，预制管安装应符合下列要求：

①基础面宜采用凹槽接头，凹槽深度不得小于 50 mm；

②上下管节安装就位后，应采用四根竖方木对称设置在管柱四周并绑扎牢固，防止撞击错位；

③混凝土管柱外模应设斜撑，保证浇筑时的稳定；

④管节接缝应采用水泥砂浆等材料密封；

⑤墩柱滑模浇筑应选用低流动度的或半干硬性的混凝土拌合料，分层分段进行对称浇筑，并应同时浇完一层，各段的浇筑高度应到距模板上缘 100～150 mm 处为止；

⑥钢管混凝土墩柱应采用微膨胀混凝土，一次连续浇筑完成，钢管的焊制与防腐应符合设计要求或相关规范规定。

2.盖梁施工

在城镇交通繁华路段进行盖梁施工时，宜采用整体组装模板、快装组合支架的方式，以减少占路时间。盖梁为悬臂梁时，混凝土浇筑应从悬臂端开始。预应力钢筋混凝土盖梁拆除底模时间应符合设计要求，如设计无要求，孔道压浆强度应在达到设计强度后，方可拆除底模板。

（二）预制混凝土柱和盖梁安装

1.预制混凝土柱安装

基础杯口的混凝土强度必须达到设计要求，方可进行预制柱安装。在安装基础杯口前，应校核其长、宽、高，确认合格。基础杯口与预制件接触面均应进行凿毛处理，埋件应除锈并应校核位置，合格后方可安装。

预制柱安装就位后应采用硬木楔或钢楔固定，并加斜撑以保持柱体稳定，在确保柱体稳定后方可摘去吊钩。安装后应及时浇筑基础杯口混凝土，待混凝土硬化后拆除硬楔，二次浇筑混凝土，待基础杯口混凝土达到设计强度的75%后方可拆除斜撑。

2.预制钢筋混凝土盖梁安装

①预制盖梁安装前，应对接头混凝土面进行凿毛处理，设埋件时应先除锈；

②在墩台柱上安装预制盖梁时，应对墩台柱进行固定和支撑，确保稳定；

③盖梁就位时，应检查轴线和各部位尺寸，确认合格后方可固定，并浇筑接头混凝土；

④接头混凝土达到设计强度后，方可卸除临时固定设施。

3.重力式砌体墩台

①墩台砌筑前，应清理基础，保持洁净，并测量放线，设置线杆；

②墩台砌体应采用座浆法分层砌筑，竖缝应错开，不得贯通；

③砌筑墩台镶面石应从曲线部分或角部开始；

④桥墩分水体镶面石的抗压强度不得低于 40 MPa；

⑤砌筑的石料和混凝土预制块应清洗干净，保持湿润。

第三节　城市桥梁上部结构施工

一、现浇预应力（钢筋）混凝土连续梁施工

（一）支（模）架法

1.支架法现浇预应力混凝土连续梁

①支架的地基承载力应符合要求，必要时，应采取加强处理或其他措施；

②应有简便可行的落架拆模措施；

③各种支架和模板安装后，宜采取预压方法消除拼装间隙和地基沉降等非弹性变形；

④安装支架时，应根据梁体和支架的弹性、非弹性变形设置预拱度；

⑤支架底部应有良好的排水措施，不得被水浸泡；

⑥浇筑混凝土时应采取防止支架不均匀下沉的措施。

2.移动模架上浇筑预应力混凝土连续梁

①支架长度必须满足施工要求；

②支架应利用专用设备组装，在施工时能确保质量和安全；

③浇筑分段工作缝，必须设在弯矩零点附近；

④箱梁内、外模板在滑动就位时，模板平面尺寸、高程、预拱度的误差必须控制在容许范围内；

⑤混凝土内预应力筋管道、钢筋、预埋件设置应符合规范规定和设计要求。

（二）悬臂浇筑法

悬臂浇筑的主要设备是一对能行走的挂篮。挂篮在已经张拉锚固并与墩身连成整体的梁段上移动。绑扎钢筋、立模、浇筑混凝土、施加预应力都在挂篮

上进行。完成本段施工后，挂篮对称向前各移动一段，进行下一梁段施工，循序渐进，直至悬臂梁段浇筑完成。

1.挂篮设计与组装

挂篮结构主要设计参数应符合下列规定：

①挂篮质量与梁段混凝土质量的比值应控制在 0.3～0.5，特殊情况下不得超过 0.7；

②允许最大变形（包括吊带变形的总和）为 20 mm；

③施工、行走时的抗倾覆安全系数不得小于 2；

④自锚固系统的安全系数不得小于 2；

⑤斜拉水平限位系统和上水平限位安全系数不得小于 2；

⑥挂篮组装后，应全面检查安装质量，并应按设计荷载做载重试验，以消除非弹性变形。

2.浇筑段落

悬浇梁体一般应分为四大部分进行浇筑：

①墩顶梁段（0 号块）；

②墩顶梁段（0 号块）两侧对称悬浇梁段；

③边孔支架现浇梁段；

④主梁跨中合龙段。

3.悬浇顺序及要求

①在墩顶托架或膺架上浇筑 0 号段并采取墩梁临时固结措施；

②应在 0 号段上安装悬臂挂篮，并向两侧依次对称分段浇筑主梁至合龙前段；

③在支架上浇筑边跨主梁合龙段；

④最后浇筑中跨合龙段，形成连续梁体系；

⑤托架、膺架应经过设计，计算其弹性及非弹性变形；

⑥在梁段混凝土浇筑前，应对挂篮（托架或膺架）、模板、预应力筋管道、钢筋、预埋件、混凝土材料、配合比、机械设备、混凝土接缝处理等进行全面

检查，经有关方签认后方可浇筑；

⑦悬臂浇筑混凝土时，宜从悬臂前端开始，最后与前段混凝土连接；

⑧桥墩两侧梁段悬臂施工应对称、平衡，平衡偏差不得大于设计要求。

4.张拉及合龙

预应力混凝土连续梁悬臂浇筑施工中，顶板、腹板纵向预应力筋的张拉顺序一般为上下、左右对称张拉，设计有要求时按设计要求施工；预应力混凝土连续梁合龙顺序一般是先边跨、后次跨、再中跨。

连续梁（T型结构）的合龙、体系转换和支座反力调整应符合下列规定：

①合龙段的长度宜为 2 m；

②合龙前应观测气温变化与梁端高程及悬臂端间距的关系；

③合龙前应按设计规定，将两悬臂端合龙口进行临时连接，并将合龙跨一侧墩的临时锚固放松或改成活动支座；

④合龙前，在两端悬臂预加压重，并于浇筑混凝土过程中逐步撤除，以使悬臂端挠度保持稳定；

⑤合龙宜在一天中气温最低时进行；

⑥合龙段的混凝土强度宜提高一级，以尽早施加预应力；

⑦连续梁的梁跨体系转换，应在合龙段及全部纵向连续预应力筋张拉、压浆完成，并解除各墩临时固结后进行；

⑧梁跨体系转换时，支座反力的调整应以高程控制为主，反力作为校核。

5.高程控制

预应力混凝土连续梁，悬臂浇筑段前端底板和桥面标高的确定是连续梁施工的关键问题之一，确定悬臂浇筑段前段标高时应考虑以下问题：

①挂篮前端的垂直变形值；

②预拱度设置；

③施工中已浇段的实际标高；

④温度影响。

施工过程中的监测项目为前三项；必要时也应对结构物的变形值、应力等进行监测，以保证结构的强度和稳定性。

二、装配式梁（板）施工

（一）装配式梁（板）施工方案

装配式梁（板）施工方案编制前，应对施工现场条件和拟定运输路线社会交通进行充分调研和评估。

预制和吊装方案编制要求：

①应按照设计要求，并结合现场条件确定梁板预制和吊运方案。

②应依据施工组织进度和现场条件，选择预制方式，如构件厂（或基地）预制、施工现场预制。

③根据吊装机具不同，梁板架设方法分为起重机架梁法、跨墩龙门吊架梁法和穿巷式架桥机架梁法，每种方法的选择都应在充分调研和技术经济综合分析的基础上进行。

（二）技术要求

1.预制构件与支撑结构

安装构件前必须检查构件外形及其预埋件尺寸和位置，其偏差不应超过设计或规范允许值。

装配式桥梁构件在脱底模、移运、堆放和吊装就位时，混凝土的强度不应低于设计要求的吊装强度，一般不应低于设计强度的75%。预应力混凝土构件吊装时，其孔道水泥浆的强度不应低于构件设计要求。如设计无要求时，一般不低于30 MPa。吊装前应验收合格。

安装构件前，支撑结构（墩台、盖梁等）的强度应符合设计要求，支撑结构和预埋件的尺寸、标高及平面位置应符合设计要求且验收合格。桥梁支座的安装质量应符合要求，其规格、位置及标高应准确无误。墩台、盖梁、支座顶面应清扫干净。

2.吊运方案

①吊运（吊装、运输）应编制专项方案，并按有关规定进行论证、批准；

②各受力部分的设备、杆件应经过验算，特别是吊车等机具的安全性要进行验算，验算时，起吊过程中构件内产生的应力必须符合要求，梁长 25 m 以上的预应力简支梁应验算裸梁的稳定性；

③应按照起重吊装的有关规定，选择吊运工具、设备，确定吊车站位、运输路线与交通导航等具体措施。

3.技术准备

①按照有关规定进行技术安全交底；

②对操作人员进行培训和考核；

③测量放线，给出高程线、结构中心线、边线，并进行清晰的标识。

（三）安装就位的技术要求

1.吊运要求

①构件移运、吊装时的吊点位置应按设计规定或根据计算决定；

②吊装时构件的吊环应顺直，吊绳与起吊构件的交角小于 60° 时，应设置吊架或吊装扁担，尽量使吊环垂直受力；

③构件移运、停放的支撑位置应与吊点位置一致，并应支撑稳固，在顶起构件时应随时置好保险垛；

④吊移板式构件时，不得吊错板梁的上、下面，防止折断。

2.就位要求

①每根大梁就位后，应及时设置保险垛或支撑，将梁固定并用钢板与已安装好的大梁预埋横向连接钢板焊接，防止倾倒；

②构件安装就位并符合要求后，方可允许焊接连接钢筋或浇筑混凝土固定

构件；

③待全孔（跨）大梁安装完毕后，再按设计规定使全孔（跨）大梁整体化；

④梁板就位后应按设计要求及时浇筑接缝混凝土。

三、钢-混凝土结合梁施工

（一）钢-混凝土结合梁的构成与适用条件

钢-混凝土结合梁一般由钢梁和钢筋混凝土桥面板两部分组成：

①钢梁由工字型截面或槽型截面构成，钢梁之间设横梁（横隔梁），有时在横梁之间还设小纵梁；

②在钢梁上浇筑预应力钢筋混凝土，形成钢筋混凝土桥面板；

③在钢梁与钢筋混凝土面板之间设置传剪器，对于连续梁，可在负弯矩区施加预应力或通过强迫位移法调整负弯矩区内力。

钢-混凝土结合梁结构适用于城市大跨径或较大跨径的桥梁工程，目的是减轻桥梁结构自重，尽量减轻施工对现有交通状况及周边环境的影响。

（二）钢-混凝土结合梁施工

1.基本工艺流程

钢梁预制并焊接传剪器—架设钢梁—安装横梁（横隔梁）及小纵梁（有时不设小纵梁）—安装预制混凝土板并浇筑接缝混凝土，或支搭现浇混凝土桥面板的模板并铺设钢筋—现浇混凝土—养护—张拉预应力束—拆除临时支架或设施。

2.施工技术要点

①钢梁制作、安装应符合有关规定；

②钢主梁架设和混凝土浇筑前，应按设计要求或施工方案设置施工支架，

验算施工支架设计时，除应考虑钢梁拼接荷载外，还应同时计入混凝土结构和施工荷载；

③混凝土浇筑前，应对钢主梁的安装位置、高程、纵横向连接及施工支架进行检查验收，各项均应达到设计要求或施工方案要求，钢梁顶面传剪器焊接经检验合格后，方可浇筑混凝土；

④现浇混凝土结构宜采用缓凝、早强、补偿收缩性混凝土；

⑤混凝土桥面结构应全断面连续浇筑，浇筑顺序为顺桥向应自跨中开始向支点处交汇，或由一端开始浇筑，横桥向应先由中间开始向两侧扩展；

⑥桥面混凝土表面应符合纵横坡度要求，表面光滑、平整，应采用原浆抹面成活，并在其上直接做防水层，不宜在桥面板上另做砂浆找平层；

⑦施工中，应随时监测主梁和施工支架的变形及稳定，发现异常应立即停止施工，启动应急预案；

⑧设有施工支架时，必须待混凝土强度达到设计要求，且预应力张拉完成后，方可卸落施工支架。

四、装配式桁架拱、刚构拱安装及钢管混凝土拱施工

（一）装配式桁架拱、刚构拱安装

1.安装程序

在墩台上安装预制的桁架（刚架）拱片，同时安装横向联系构件，在组合的桁架拱（刚构拱）上铺装预制的桥面板。

2.安装技术要点

装配式桁架拱、刚构拱采用卧式预制拱片时，为防止拱片在起吊过程中产生扭折，起吊时必须将全片水平吊起后，再悬空翻身竖立。在拱片悬空翻身过程中，各吊点应受力均匀，并始终保持在同一平面内，不得扭转。

大跨径桁式组合拱，拱顶湿接头混凝土宜采用较构件混凝土强度高一级的早强混凝土。安装过程中应采用全站仪，对拱肋、拱圈的挠度和横向位移、混凝土裂缝、墩台变位，以及安装设施的变形和变位情况进行观测。

拱肋吊装定位合龙时，应观测接头高程和轴线位置，以控制、调整拱轴线，使其符合设计要求。拱肋松索成拱以后，从拱上施工加载起，一直到拱上建筑完成，应随时观测 1/4 跨、1/8 跨及拱顶各点的挠度和横向位移。

大跨度拱桥的施工观测和控制宜在每天气温、日照变化不大的时候进行，尽量减少温度变化等不利因素的影响。

（二）钢管混凝土拱施工

1.钢管拱肋制作

①拱肋钢管的种类、规格应符合设计要求，应在工厂加工，且具有产品合格证；

②钢管拱肋加工的分段长度应根据材料、工艺、运输、吊装等因素确定，在制作前，应根据温度和焊接变形的影响，确定合龙节段的尺寸，并绘制施工详图，精确放样；

③弯管宜采用加热顶压方式，加热温度不得超过 800 ℃；

④拱肋节段焊接强度不应低于母材强度，所有焊缝均应进行外观检查，对接焊缝应 100%进行超声波探伤，其质量应符合设计要求和国家现行标准规定；

⑤在钢管拱肋上应设置混凝土压注孔、倒流截止阀、排气孔，以及扣点、吊点节点板；

⑥钢管拱肋外露面应按设计要求做长效防护处理。

2.钢管拱肋安装

①钢管拱肋成拱过程中，应同时安装横向连系，未安装横向连系的不得多于一个节段，否则应采取临时横向稳定措施；

②节段间环焊缝的施焊应对称进行，并应采用定位板控制焊缝间隙，不得

采用堆焊；

③合龙口的焊接或栓接作业应选择在环境温度相对稳定的时段快速完成；

④采用斜拉扣索悬拼法施工时，扣索采用钢绞线或高强钢丝束时，安全系数应大于 2。

参 考 文 献

[1] 曹伟，李亚辉.河南豫中地质勘察工程公司通过国家高新技术企业认定
　　[J].资源导刊，2020（4）：41.

[2] 常领君.岩土勘察类工程项目成本控制研究[J].纳税，2020，14（6）：158-
　　159.

[3] 陈青娘.测绘工程在矿山地质勘测中的相关应用[J].世界有色金属，2022
　　（6）：25-27.

[4] 陈洋.干成孔旋挖桩施工技术在市政道路桥梁工程中的应用方法[J].居
　　舍，2022（15）：34-37.

[5] 杜梦飞，孔繁佩.GPS测绘技术在测绘工程中的应用分析[J].工程技术研
　　究，2022，7（10）：96-98.

[6] 冯卡.道路桥梁施工中高性能混凝土的应用研究[J].工程技术研究，2022，
　　7（11）：101-103.

[7] 付高魁，孙鹏.打造精品工程 擦亮品牌底色：河南豫中地质勘察工程公司
　　高质量完成2019年经营目标[J].资源导刊，2020（2）：44.

[8] 高健.测绘工程中测量技术的发展和应用[J].中国建筑装饰装修，2022
　　（6）：30-32.

[9] 高井祥，陈国良，王潜心，等.面向新工科的行业特色测绘工程专业转型
　　升级实践[J].测绘通报，2022（5）：166-169.

[10] 高永强，刘宇，陈新武.道路桥梁沉降段路基路面施工技术探究[J].居舍，
　　2022（19）：57-60+63.

[11] 关杰良.无人机摄影测量技术在测绘工程中的应用[J].江西建材，2022
　　（3）：68-69+72.

[12] 管文中，汪舟.道路桥梁设计中结构化设计的应用研究[J].交通建设与管理，2022（3）：98-99.

[13] 郭开先.绿色施工技术在道路桥梁施工中的应用分析[J].运输经理世界，2022（15）：10-12.

[14] 何念东.道路桥梁工程常见病害与施工处理技术[J].工程技术研究，2022，7（11）：60-62.

[15] 胡明.矿山测绘工程中特殊地形测量方法[J].西部探矿工程，2022，34（3）：173-174+181.

[16] 扈彤利.无人机遥感技术在测绘工程测量中的应用[J].中国管理信息化，2022，25（6）：164-166.

[17] 花向红，邹进贵，向东，等.测绘工程专业人才能力素质模型构建与实践[J].测绘地理信息，2022，47（3）：176-178.

[18] 黄国强.道路桥梁过渡段的路基路面施工技术研究[J].运输经理世界，2022（19）：91-93.

[19] 孔繁佩，杜梦飞.测绘技术在特殊地形测绘工程中的应用[J].工程技术研究，2022，7（7）：93-95.

[20] 雷振韬.测绘工程技术在土木工程中的运用实践[J].居舍，2022（9）：69-71.

[21] 李国亮.岩土勘察工程地质测绘工作意义探究[J].决策探索（中），2020（7）：79-80.

[22] 李梦怡.道路桥梁施工大体积混凝土裂缝成因及防治措施[J].工程技术研究，2022，7（11）：95-97.

[23] 李毓照，杨维芳，王世杰，等.测绘工程专业教学过程中课程思政元素的应用探索[J].高教学刊，2022，8（11）：185-188.

[24] 李梓谦，付志涛，陈思静，等.新时代下测绘工程专业培养方案对比分析[J].测绘与空间地理信息，2022，45（4）：76-79.

[25] 刘捷.市政施工中道路桥梁质量控制措施[J].城市建筑空间，2022，29

（S1）：261-262.

[26] 刘俊锋，杜梦飞.房产测量测绘工程的具体流程及质量控制措施探讨[J].
工程技术研究，2022，7（5）：156-158.

[27] 刘耀.水文地质在岩土工程勘察中的应用[J].冶金管理，2020（3）：
166+168.

[28] 吕丽英，耿云峰.监理在测绘工程质量控制中的作用[J].四川水泥，2022
（5）：133-134.

[29] 任相臣.混凝土施工技术在道路桥梁工程施工中的应用[J].运输经理世
界，2022（17）：83-85.

[30] 孙爱敏.市政道路桥梁地基施工技术与质量控制[J].四川水泥，2022（7）：
273-275.

[31] 孙金波.测绘工程中特殊地形的测绘技术分析[J].四川建材，2022，48
（4）：71-72.

[32] 覃绍许.道路桥梁施工中钢纤维混凝土技术的应用分析[J].运输经理世
界，2022（18）：142-144.

[33] 唐志豪，魏见海，莫天健.管波探测法在施工勘察工程中的应用[J].西部
交通科技，2020（6）：23-25+123.

[34] 田树斌.基于复杂地形地质条件岩土工程勘察[J].世界有色金属，2020
（4）：263+265.

[35] 汪逵.道路桥梁的施工建设与加固技术研究[J].运输经理世界，2022
（19）：73-75.

[36] 王波.岩土工程勘察中常见的问题及改进措施[J].山西水利，2019，35
（9）：40-41.

[37] 王欢.煤炭地质勘察工程项目的成本管控对策分析[J].财会学习，2020
（1）：139+141.

[38] 王俊.测绘新技术在测绘工程测量中的运用探析[J].工程建设与设计，
2022（5）：111-113.

[39] 王瑞，黄诗乔.测绘工程专业教学改革论析：基于教育国际化与工程教育专业认证的背景[J].大学教育，2022（5）：79-81+112.

[40] 王声.岩土勘察工程中常见的问题及解决策略[J].智能城市，2020，6（14）：50-51.

[41] 魏波.道路桥梁施工中的伸缩缝施工技术研究[J].运输经理世界，2022（17）：126-128.

[42] 肖飞.基于矿山测绘工程中特殊地形测量对策分析[J].中国金属通报，2022（3）：87-89.

[43] 邢计志.道路桥梁隧道工程施工中的难点和技术对策[J].运输经理世界，2022（18）：90-92.

[44] 熊松霖.岩土工程地质勘察中质量控制因素探析[J].世界有色金属，2019（23）：129+131.

[45] 许丹.道路桥梁检测中的无损检测技术探讨[J].工程与建设，2022，36（3）：716-717.

[46] 尤志伟.道路桥梁工程造价管理工作存在的问题及完善策略[J].黑龙江交通科技，2022，45（6）：162-164.

[47] 张春丽，吴振.市政道路桥梁施工预算管理研究[J].运输经理世界，2022（18）：50-52.

[48] 张伟明.道路桥梁施工技术现状与发展方向研究[J].运输经理世界，2022（17）：113-115.

[49] 张小娟.水质分析对基础勘察工程的重要性探讨[J].绿色环保建材，2020（7）：181-182.

[50] 张雨.关于现代资源勘察工程新技术应用及分析[J].冶金管理，2020（1）：173+175.

[51] 张铮.测绘新技术在测绘工程中应用的常见问题及对策分析[J].低碳世界，2022，12（3）：41-43.

[52] 赵富豪.测绘工程技术在不动产测量中的应用[J].中国高新科技，2022

（5）：120-121.

[53] 赵锐，张吉凯.地质调查在滑坡勘察工程项目应用[J].中国金属通报，
2020（1）：128+130.

[54] 赵岩.岩土工程勘察对基坑支护施工的影响分析[J].四川水泥，2020（5）：
303.

[55] 周福荣.岩土勘察工程技术的细节要点分析[J].建材与装饰，2020（14）：
243-244.

[56] 周刚.道路桥梁现场施工技术研究与应用对策[J].运输经理世界，2022
（17）：74-76.

[57] 周光缓.地质勘察工程场地的滑坡特征及稳定性评价分析[J].世界有色
金属，2020（3）：286-287.